# 細胞生物学

森　正敬・永田和宏・河野憲二

(改訂版)細胞生物学('07)
© 2007 森 正敬・永田和宏・河野憲二

装幀 畑中 猛

# まえがき

　生物は，動物も植物も細菌も細胞から構成されている。1個の細胞だけの生物もいれば，多数の細胞が集まって1つの個体をつくっている生物もいる。ヒトの体はおよそ60兆個の細胞からできている。細胞は生物を構成する単位であり，生命の最小単位ということができる。

　細胞は肉眼では見えず，顕微鏡を用いて初めて見ることができる。細胞が発見されたのは17世紀になって顕微鏡が発見されたことによる。英国の科学者フック（R. Hooke）はコルクの薄片を顕微鏡で観察し，小さい蜂巣状の部屋を発見し，cell（小室）と名付けた。実際に観察されたのは植物細胞の抜け殻であったが，この名が残り，日本では「細胞」と翻訳された。

　しかし生物が細胞から構成されていることが確立したのは19世紀に入ってからである。ドイツの植物学者シュライデン（M. J. Schleiden）や動物学者シュワン（T. Schwann）が，生物体の基本構成単位は細胞であるという細胞説を提唱した。その後ドイツの病理学者ウィルヒョウ（R. Virchow）はこの考えをさらに進め，「すべての細胞は細胞から生じる」という細胞増殖の基本概念を示した。さらにフランスの微生物学者パスツール（L. Pasteur）は有名な白鳥首型のフラスコを用いた実験に

より，細菌の自然発生説を否定した。こうして，すべての生物が細胞から成るという細胞説が確立された。

顕微鏡は改良され，組織の細胞構成，各種細胞の形態，さらには細胞内の大まかな構造が明らかになった。しかし光学顕微鏡が可視光を用いる限り，分解能に限界がある。この限界を破るべく登場したのが電子顕微鏡である。1950年代に入って電子顕微鏡による細胞の観察が本格的に行われ，細胞の驚くべくして美しい微細構造が姿を現した。その分解能は分子を可視化するレベルであり，細胞の微細構造を分子の集合として促え，これによって構造と機能とを直接結びつけることが可能になった。

一方，現代の生命科学がワトソン（J. D. Watson）とクリック（F. Crick）によるDNAの二重らせん構造の発見（1953年）に端を発していると言っても，大きな間違いはないだろう。この発見がその後の分子生物学の爆発的な発展の契機となり，それ以後の生物学に革命的な変化をもたらしたことはよく知られている。それは単に核酸の構造を明らかにしたにとどまらず，生命の遺伝情報がDNA上にどのように蓄えられ，どのように読み取られて，タンパク質のアミノ酸配列に移し替えられるかという，生命情報の保存と発現に関する，極めて単純で美しいモデルを提供することになった。遺伝情報が，DNAからRNAへ，RNAからポリペプチドへと一方向に流れるというセントラルドグマなる概念で語られるよ

うになったのである。それはまた，従来，個体観察のレベルで語られてきた「遺伝」というものの分子的な実体を明確に示し，「遺伝」の機構をこれ以上ない明晰さで示すことにも成功した。この分子生物学の発展に支えられて，細胞生物学はますます発展している。これを反映して「分子細胞生物学」という言葉もよく用いられる。分子生物学の知識や技術は，いまや細胞生物学の研究には不可欠となっているし，またそれらの知識を動員しなければ，細胞生物学という学問分野を理解することも難しくなっている。

　細胞生物学という研究分野は極めて広い。分子レベルから，細胞小器官とよばれる細胞の内部構築，そして最小の生命単位として細胞個々の振る舞いまで，さらには，細胞と細胞の相互作用を含めて，組織，器官，個体まで扱うことになる。分子から個体まで，さまざまの階層構造を扱うことになるが，基本は，細胞の営みを分子のレベルで明らかにし，それらの反応を細胞という場の中で理解するのが，細胞生物学という分野である。本書では，細胞や組織の個別性に基づく多様性に注意を払いつつも，それら多様な現象が，いかに統一的な一貫した原理と反応機構に基づいているかに重点を置いて記述するよう心がけたつもりである。

　生物学はかつて記述の学問であり，個別の多くの情報を覚え込まなければならないことで，学生諸君の敬遠する分野でもあった。しかし，上述のように極めて基本的

な分子レベルでの理解が進んだことによって，今日の細胞生物学は，個々の細胞の機能が驚くべき一貫性によって統べられており，その細部にわたるまで美しいとも表現すべき原理で貫かれていることが明らかになってきている。

　本書では，紙幅の関係から，図表の数も限られ，個々の側面における詳細な記述のできない部分も多かった。本当の面白さは，表面を撫でるのではなく，その内部にまで煩瑣をいとわず分け入ることによってしか実感されないものである。テレビ放送では美しい写真やカラー図表を多く用いた授業を行っているので，本書と合わせて理解を深めてほしい。また，本書を読んで，興味をもった部分，疑問を抱いた部分については，ぜひ，章末に載せられた他の教科書や参考文献などに当たってみていただきたい。そして，細胞というこの精妙きわまりないミクロコスモスの美しさに触れていただければ幸いである。

　　2007年3月　　　　　　　　　　　　　編著者一同

# 目 次

まえがき　　　　　　　　　　　編著者一同　3

## 1── 細胞とは何か　　　　　　　　永田和宏　13

1. 細胞生物学とはどういう学問だろう……………13
2. 生体のヒエラルキー……………………………13
3. 細胞説の確立……………………………………16
4. 細胞の起源………………………………………17
5. 原核生物と真核生物……………………………22
6. 細胞を学ぶ………………………………………25

## 2── 細胞内部の構築　　　　　　　森　正敬　27

1. 核……………………………………………………27
2. 小胞体………………………………………………30
3. ゴルジ体……………………………………………32
4. リソソーム…………………………………………34
5. ペルオキシソーム…………………………………35
6. ミトコンドリア……………………………………36
7. 葉緑体………………………………………………38

## 3── 細胞で働く分子たち　　　　　森　正敬　40

1. 細胞をつくる分子…………………………………40
2. アミノ酸とタンパク質……………………………42
3. 炭水化物……………………………………………47
4. 脂質…………………………………………………49
5. ヌクレオチドと核酸………………………………52

## 4──タンパク質の合成　　　永田和宏　56

　1．染色体とDNA ……………………………58
　2．DNA複製 …………………………………58
　3．転写………………………………………62
　4．RNAスプライシング ……………………65
　5．RNAの核外輸送 …………………………67
　6．翻訳………………………………………68

## 5──タンパク質の構造・機能と品質管理　永田和宏　73

　1．タンパク質の構造………………………74
　2．分子シャペロンの機能…………………77
　3．タンパク質の変性と再生………………79
　4．タンパク質の翻訳後修飾………………81
　5．タンパク質の品質管理機構……………83
　6．フォールディング異常病………………87

## 6──膜の構造と膜透過　　　森　正敬　90

　1．脂質二重層………………………………90
　2．膜タンパク質……………………………91
　3．膜を通した物質の輸送…………………93
　4．イオンチャネルと膜電位………………99

## 7──タンパク質の細胞内輸送と局在　　河野憲二　103

　1．シグナル配列の発見……………………103
　2．タンパク質輸送の配送ルート…………104
　3．核膜孔を通る輸送（核輸送）…………106
　4．膜を通る輸送 ……………………………109
　5．小胞による輸送（小胞輸送）…………113

## 8 — エネルギー変換とミトコンドリア　森　正敬　118

1. 動物のエネルギー代謝の概要 …………………118
2. 解糖 ……………………………………………119
3. ミトコンドリアの構造 …………………………121
4. アセチルCoAの生成とクエン酸回路 …………123
5. 電子伝達系 ……………………………………125
6. 酸化的リン酸化 ………………………………126
7. グルコースの完全分解によるATP産生 ………127
8. ミトコンドリアDNA …………………………128
9. 葉緑体と光合成 ………………………………129

## 9 — 細胞骨格と細胞運動　永田和宏　132

1. ミクロフィラメント …………………………132
2. 微小管 …………………………………………140
3. 中間径フィラメント …………………………145
4. おわりに ………………………………………147

## 10 — 細胞のシグナル伝達　河野憲二　149

1. 細胞膜を通過するシグナル分子 ………………150
2. 細胞膜にある受容体を介したシグナル伝達 ……151
3. シグナル伝達における分子スイッチの役割 ……161
4. まとめ …………………………………………162

## 11 — 細胞周期　河野憲二　164

1. 概説 ……………………………………………164
2. 細胞周期制御因子 ……………………………167
3. 細胞周期チェックポイントコントロール ………174
4. 細胞周期とがん ………………………………177
5. まとめ …………………………………………181

## 12 ── 細胞分裂　　　　　　　　　　河野憲二　183
1. 体細胞分裂 …………………………………183
2. 減数分裂 ……………………………………193

## 13 ── 細胞間のコミュニケーション　高橋淑子　200
1. 細胞の成り立ちと細胞の種類 ……………200
2. 細胞が集まって組織をつくり、組織が集まって器官をつくる …………………………201
3. 上皮細胞と間充織細胞 ……………………201
4. 上皮細胞の特徴 ……………………………203
5. さまざまな細胞間結合 ……………………204
6. カドヘリン …………………………………207
7. 細胞と基質との接着 ………………………211
8. おわりに ……………………………………212

## 14 ── 発生と分化　　　　　　　　　高橋淑子　214
1. パターンの重要性 …………………………214
2. 脊椎動物の体の成り立ち
　　－ニワトリ胚をモデルとして－ …………215
3. 初期形態形成は"折り紙細工" ……………217
4. 移動しながら形をつくりあげる細胞集団
　　－ダイナミックな神経冠細胞の移動を追う－ …219
5. 細胞間のコミュニケーションと形づくり …………221
6. 筋骨格系形成にみる細胞間コミュニケーション …223
7. おわりに ……………………………………225

## 15 ── がんと細胞死　　　　　　　　　森　正敬　227
1. がん細胞の特性 ……………………………227
2. 発がん ………………………………………229
3. がん遺伝子とがん抑制遺伝子 ……………231

- 4．多段階発がん …………………………236
- 5．細胞死
  ―ネクローシスとアポトーシス― ……………237
- 6．生物の形づくりとアポトーシス ……………………239
- 7．アポトーシスを引き起こす要因 ……………………240
- 8．アポトーシスの分子機構 …………………………242
- 9．がんとアポトーシス ………………………………244

**練習問題・解答**　　　　　　　　246

**索引**　　　　　　　　　　　254

# 1. 細胞とは何か

永田　和宏

## 1. 細胞生物学とはどういう学問だろう

　細胞生物学とは，どんな学問だろう。近接する領域に，分子生物学，生化学，発生生物学などとよばれる分野があり，専門の学者の間では，それぞれの名前を冠した学会があって，一年に一度程度，全国から集まって研究成果が発表されている。

　これらの学問分野のなかにあって，細胞生物学は，生命現象を細胞を単位にして見ようとする学問であるということができる。われわれ生命体が生存を維持していくためのさまざまの生命活動を，また個々の分子の機能，あるいはそれらの間の相互作用を，細胞という場のなかで理解し，解析しようとするのが細胞生物学である。分子生物学，生化学は，分子そのものに比重を置いて研究を進め，発生生物学や病理学，生理学，解剖学などは組織や個体に比重がかかった学問だということができる。細胞生物学は，それら分子と個体との橋渡しをし，統合する位置にある学問分野であり，細胞の内部で起こっているさまざまの反応を知り，細胞同士の相互作用を通じて，個体の成り立ちを知ろうという学問である。その意味で生命科学の最も根幹となる領域であるということができる。

## 2. 生体のヒエラルキー

　私たち個体をつくっている単位には，ヒエラルキー（階層構造）があり，最も小さな単位は分子である（図1-1）。もちろん分子をつくって

いる原子，さらにそれらの元になっている素粒子などにまで構造をさかのぼることができる。構造生物学は，生体で働く分子の構造を，原子レベルで明らかにするものであり，ここでは原子同士の関係を議論する必要があるが，本書では基本的に分子までを考えれば十分である。細胞をつくっている分子には，第3章で勉強するように，タンパク質（アミノ酸が一次的につながったものをポリペプチドとよび，それらが構造をとって機能をもつようになるとタンパク質とよぶ），核酸，多糖といった高分子物質のほかに，ATPやGTP，各種微量金属やイオンなどといった低分子物質などがある。

さまざまの分子が集合して，一個の生命体としての細胞を形成する。分子と細胞との間には，細胞の内部構造をつくる細胞小器官とよばれるいくつかの構造体が存在する。遺伝子の本体であるゲノムDNAを収めている核，分泌タンパク質合成の場である小胞体，エネルギーを生み出す装置としてのミトコンドリアなど，第2章で学ぶことになるが，これらはいずれも膜系によって囲まれて，それぞれの機能を発揮している。

自己をコピーし，それを増やすことができるものを生命と規定すれば，細胞は最も小さな生命単位である。動物細胞の大きさは，平均して直径 $10 \sim 15 \mu m$ （$\mu m$ は $10^{-6} m$），重量は $3 \times 10^{-9} g$ 程度のものである。こんな小さな空間に，平均して100万個程のタンパク質を含んでいる。それらが互いに相互作用し，機能を発揮して，一個の細胞が生きている。

| 分　　子 | タンパク質　核酸　脂質　ATPなど |
|---|---|
| 細胞小器官 | ミトコンドリア　小胞体　ゴルジ装置など |
| 細　　胞 | 血液細胞　神経細胞　筋肉細胞　生殖細胞など |
| 組　　織 | 結合組織　上皮組織　神経組織など |
| 器　　官 | 心臓　肝臓　腎臓　手足など |
| 個　　体 | |

図1-1　生体のヒエラルキー

動物細胞にはさまざまの種類がある。もともとは一個の卵子と精子が受精して，それが分裂増殖を繰り返して，私たちの体を構成する種々の細胞をつくるのであるが，この分裂増殖の過程で，さまざまに分化した細胞の個性をつくり出していく。分化した細胞には，それぞれ特徴的な性格が現れ，上皮細胞，血液細胞，筋肉細胞，神経細胞，生殖細胞などとして区別される。われわれヒトの体をつくっている細胞の種類は200以上あるといわれている。

　さらに特定の種類の細胞同士がまとまって集合体を形成し，これを組織とよぶ。上皮細胞が一定の配向を形成して上皮組織ができ，内臓をはじめとする各種器官の表面を覆っている。神経組織や筋組織などは，それぞれ神経細胞，筋肉細胞が集まった組織である。組織を形成するためには，細胞が個々ばらばらに集まっているだけではだめで，細胞接着装置によって，一定の位置関係を保ちながら，細胞同士の間で相互作用をしつつ，緊密な連絡をとっている必要がある。このような細胞の集合を扱う分野を細胞社会学とよぶこともあり，細胞生物学の重要な一分野である。

　組織より高次の集合体は器官である。心臓，肝臓，腎臓などの内臓，目や耳などの感覚器官，生殖を司る生殖器など，多くは肉眼で識別できるものである。胃を例にとれば，その外表面を覆っている上皮組織，収縮を行うための平滑筋組織，粘液を分泌するための粘膜組織など，いくつかの組織が集まって，機能的な集合体をつくっている。

　一般に組織と組織，組織と器官との間は，コラーゲンなどタンパク質繊維の網目構造から成る結合組織によって満たされている。細胞外マトリックスは，主に繊維芽細胞から分泌される。

　これら組織，器官のさらに上位の単位が個体である。個体の集合は社会であるが，自然科学が対象とするのは，個体までである。

## 3. 細胞説の確立

　1665年，英国のフック（Robert Hooke）は，自作の顕微鏡を用いて，はじめて細胞の観察を行った。フックは，コルクやシダの茎などの観察を通じて，それらが非常に多くの，小さな区画からできていることを見出し，これを〈セル〉（cell；小さな部屋の意）と名付けた（図1-2）。Cellは細胞と訳されるが，最初に日本語で「細胞」という語を用いたのは，江戸時代の学者宇田川榕菴（ようあん）であり，1833（天保4）年のことであるという。

　1838年にはドイツの植物学者シュライデン（Mathias Schleiden）が，翌1839年には同じくドイツの動物生理学者シュワン（Theodor Schwann）が，生物の基本単位は細胞であることを主張し，ここにいわゆる「細胞説」が確立することになった。1855年にはドイツの病理学者ウィルヒョウ（Rudolph Virchow）が，有名な「すべての細胞は細胞に由来する」"Omnis cellulae e cellula" という言葉によって，細胞が細

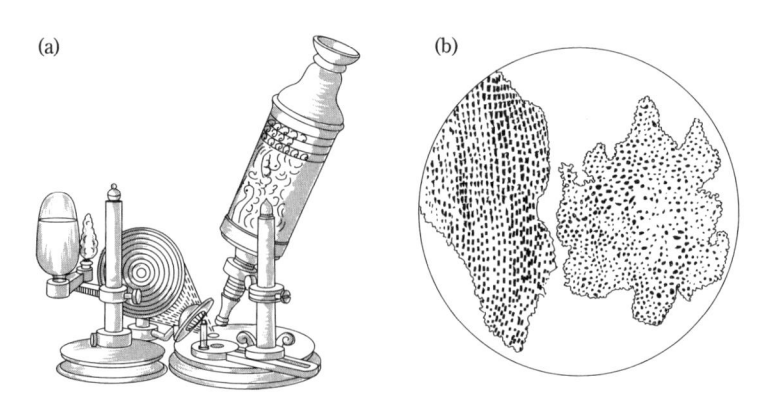

図1-2　(a) ロバート・フックの顕微鏡　(b) フックの見たコルクの図

胞から生まれるものであることを示唆した。このことを実験的に厳密に証明したのは，フランスの微生物学者パスツール（Louis Pasteur）であった。パスツールは特別に細工したフラスコの中に煮沸した酵母エキスを入れ，外から微生物が侵入しないかぎりは，そこに新たな微生物は生まれないことを証明し，生命の自然発生説を根底から否定したのである。

## 4．細胞の起源

細胞がつくられるためには，アミノ酸や核酸，脂肪酸などの有機物が必要である。原始の地球においては，これら有機物はどのようにつくられたのだろう。有機物の生成過程については，有名なミラー（Stanley L. Miller）の実験がある（図1-3）。彼は，原始地球に存在したと考えられる水，メタン，アンモニアと水素を5 $l$ のフラスコに封じ込め，フラスコ内の水を沸騰させるとともに，1週間にわたって火花放電を施した。

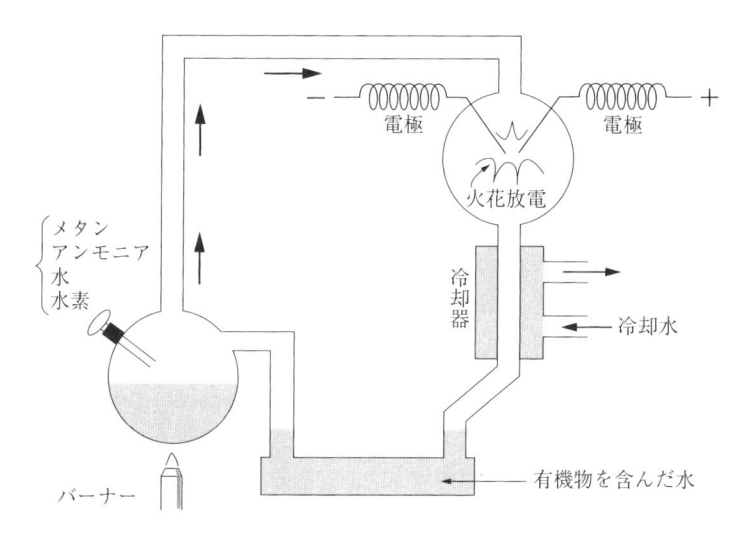

図1-3　ミラーの実験用装置

その結果，グリシン，アラニン，アスパラギン酸などの，現在私たちの細胞の重要な構成成分であるアミノ酸の生成が確認され，さらに酢酸，尿素，乳酸なども合成されていた。放電を長期にわたって行うことで，さらに多くの種類の分子の生成が確認された。このことは原始地球にあって，比較的容易に細胞の構成成分がつくられ得ることを示している。

　このような種々の成分が細胞として生命機能を営むためには，ある一定の範囲にそれらが囲い込まれることがまず必要である。両親媒性の脂質分子があれば膜による囲い込みは比較的容易に実現される。脂質は図1-4に見るように，疎水性（水に不溶）の部分と，親水性（水に易溶）の部分の両方を1つの分子中にもった両親媒性の分子である。現存の細胞の膜をつくるのは，このような両親媒性脂質のリン脂質である。両親媒性分子は，水の中では疎水性部分同士ができるだけ接触し合うように配向して，水分子から遠ざかろうとする性質をもっている。水と油が混ざり合わないことはよく知られているが，その境界面では，図のように疎水性部分の尾を油の方に，親水性の頭部を水に整列させて，安定に存

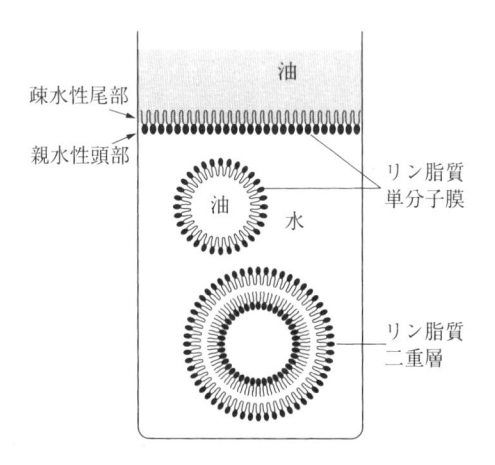

図1-4　リン脂質による細胞膜の形成

在している。水中では，2つの存在様式をとる。油滴として疎水性部分を油の中に，親水性の頭部を水に向けて，ミセルとして存在するか，疎水基同士を内部に配向させた二重の膜構造をとるかである（図1-4）。実際の細胞において普通に見られる細胞膜は，このような脂質二重層から成っている。

　原始の地球において，最初に機能をもつようになった分子は，RNAであったと考えられている。原始の海の中の化学反応は無秩序であり，さまざまの物質がつくり出されたはずだが，それらが生命とよび得るものとなるためには，一定の物質が，自己複製をし，さらにその複製を触媒する能力をもつことが必要であった。

　現在触媒能をもつ物質の代表はポリペプチドであるが，ポリペプチドは触媒能には優れているものの，自己複製能はもたない。一方，ヌクレオチドが重合したポリヌクレオチド（RNA＝リボ核酸，DNA＝デオキシリボ核酸）は，触媒能こそ限られているが，自分自身の正確なコピーをつくり出すという自己複製能力は格段に優れている。これは一方のポリヌクレオチドを鋳型として，もう一方のポリヌクレオチドを合成するからである（図1-5）。詳しくは第4章で勉強するが，ヌクレオチドのアデニンには必ずその相補的なヌクレオチドであるチミン（RNAの場

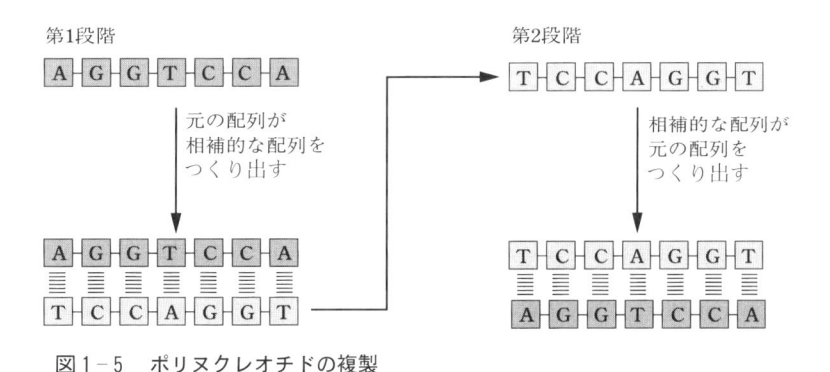

図1-5　ポリヌクレオチドの複製

合はウラシル）が対合し，シトシンには必ずグアニンが対合する。このように対合する相手が決まっていることによって，一方のポリヌクレオチドに相補的な（裏側の配列をもつ）ポリヌクレオチドがつくられる。このようなコピーのつくり方は，分子の自己複製として極めて有利であり，進化の過程で，この複製様式を採用したものが残っていったと考えられる。

　自己複製能としてはDNAもRNAも同じであるが，触媒能という観点からはRNAが断然有利であった。DNAはワトソンとクリックによって明らかにされたように，二重鎖（二重らせん）を形成し，その情報が子孫に伝えられるための情報の保存装置としては優れている（図1-6）。しかし，二重鎖をつくることによって，DNAは1本の鎖として以上の構造を獲得することはできない。一方RNAは通常，二重鎖を形成しないが，部分的に相補的な対合（アデニンにはウラシルが，シトシンにはグアニンが対合する）を形成し，図1-7に見られるような複雑な立

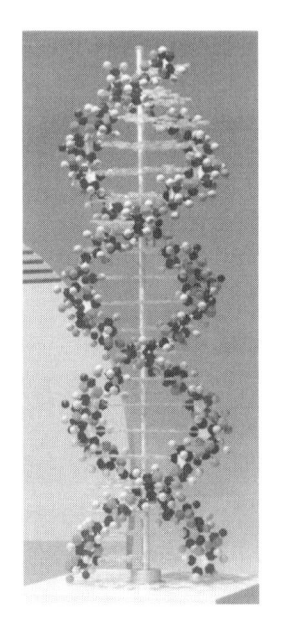

図1-6　二重らせんモデル（写真左）と，ワトソン（左）とクリック（右）

体構造をつくり得る。タンパク質から成る触媒においては、そのポリペプチドがつくる分子の構造の複雑さが、分子表面に複雑な凹凸をつくり、これが分子同士の相互作用を介した触媒能において大切であることがわかっている。RNAのつくるこの原始的ではあっても、ある種の構造は、触媒を行わせるという観点から極めて有利であった。実際に特殊なRNA分子が他のRNA分子の切断活性をもっていることが証明され、リボザイム（ribozyme, RNAと触媒能zymeを組み合わせた語）とよばれている。RNAは自己複製と自己触媒の両方の能力を兼ね備えた分子として、生命誕生の初期において最も活躍した分子であると考えられている。このようなRNAが活躍した時代を称して、RNAワールドという呼び方が定着した。

　RNAの自己複製能と触媒能によって、次第に複雑な反応ができるようになると、やがてさらに触媒効率のいいタンパク質が反応の中心的な役割を担うようになる。おそらく最初はRNA自身が、ポリペプチドの合成を触媒したのであろう。現在、タンパク質合成の中心はリボソーム

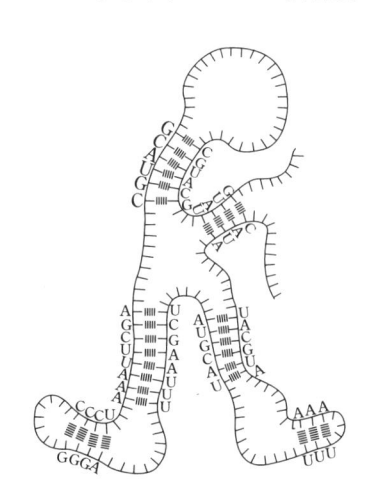

図1-7　1本鎖RNAのつくる立体構造

という巨大なRNA・タンパク質複合体によって担われているが、その中でもリボソームの60%を占めるRNAが、合成反応の中心的な役割を演じており、進化の痕跡であるといえる。

　タンパク質の合成には、そのアミノ酸配列を指定する遺伝暗号が必要である。初期にはこの遺伝暗号はRNAにおけるヌクレオチドの配列としてコードされていたと考えられる。しかし、RNAが1本鎖であることによって、不安定であり、1個のヌクレオチドに変化が起これば、その変化はそのまま次に伝えられるという点からは、遺伝暗号の貯蔵庫としては不向きである。一方のDNAは、2本鎖を形成しやすく、2本鎖になったDNAの場合には、一方の鎖に変化（変異という）が起こっても、それはもう1本の鎖の情報をもとにして、修復することが可能である。この点においてDNAは情報の貯蔵庫としてはRNAよりは格段に優れている。こうして、大部分の生物の遺伝情報はDNAが担うことになった。大部分のというのは、一部にRNAを遺伝物質として生きているRNAウイルス（レトロウイルス）などの例があるからである。

　以上述べてきたように、もとはRNAを中心として進化し、RNAのもつ遺伝機能と触媒機能によって自己複製を行ってきた生命は、その遺伝機能をより安定なDNAにゆだね、触媒機能をより効率の良いタンパク質に引き継いできたものと考えることができる。そしてRNAは、DNAからポリペプチドに情報をつなぐ役割（メッセンジャーRNA）と、一部触媒作用（リボソームRNA）とを現在に残しているのである。

## 5．原核生物と真核生物

　原始細胞は今からおよそ30億年前に地球上のどこかに生まれたと考えられている。これらは、内部構造が比較的単純で核をもたない、いわゆる原核細胞であった。原核細胞、いわゆる細菌には2種類ある。1つ

は真正細菌（eubacteria）で，土や水，生物体内などに普通に棲むバクテリアである。もう1つは，古細菌（archaebacteria）で，深海や酸性温泉，海底火山など過酷な条件に棲息している。真性細菌のうち，シアノバクテリアとよばれるものは，30億年ほど前に最も栄えた細菌であるが，初めて光合成によって大気中に分子状酸素を大量に供給した。この働きによって大気中の酸素量は20%を超えるまでになり，それまでの嫌気的環境から大きく変化することになった。

　酸素を利用できるということは，エネルギー産生の面からは，飛躍的な進化であり，当然酸素をうまく利用できる生物が生き残ることになる。このような変化は生物界に大きな変化をもたらすことになる。およそ15～20億年前の原始真核生物の出現である。

　真核細胞は膜によって囲われ，中に核をもつ細胞である。核は原核細胞の細胞膜がくびれ，それがやがて図1-8のようにサイトゾルの一部を囲うようになったものと考えられている。現存の真正細菌に存在するメソソームという膜のくびれは，その痕跡を示している。

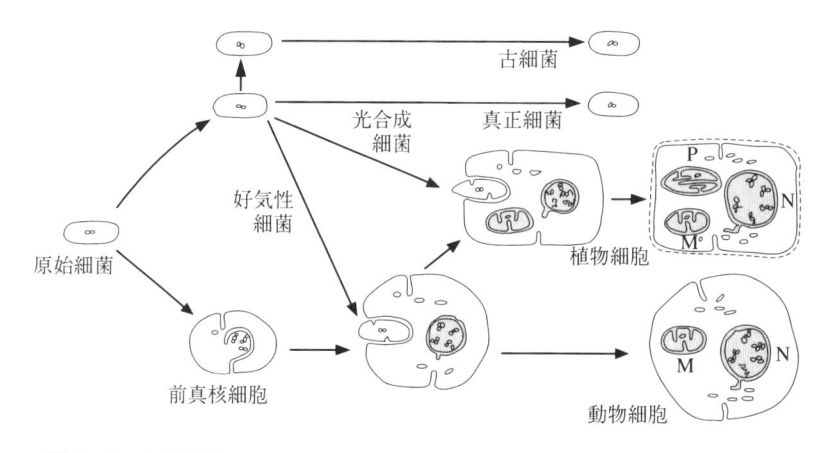

図1-8　細胞進化のモデル
　　　N，核；M，ミトコンドリア；P，葉緑体

原始真核細胞は，嫌気的な条件下で棲息していた古細菌に近いものであったと考えられている。現在，真核細胞は好気的な環境で，酸素を使ってミトコンドリアでエネルギーを産生している。ミトコンドリアは，好気的呼吸を行う細菌が，原始真核細胞に取り込まれ，共生を始めたものであると考えられている。ミトコンドリア自身がDNAをもち，分裂もし，またタンパク質合成装置をも持っていて，真核細胞の中にあって，半ば独立した位置を確保していることもそのような進化の跡を裏付けている。また，ミトコンドリアを囲っている膜は，内膜にはミトコンドリアのDNAに由来するタンパク質が局在し，外膜はすべて核に由来するタンパク質が局在することも，図1-8のような取り込まれようが正しいのであろうということを推測させる。

植物細胞の場合には，ミトコンドリアの他に，葉緑体をも持っている。葉緑体は光合成を行う細菌を取り込んだものであると考えられ，膜の組成もそのことを裏付けている。真核細胞の内部構造，各種オルガネラ

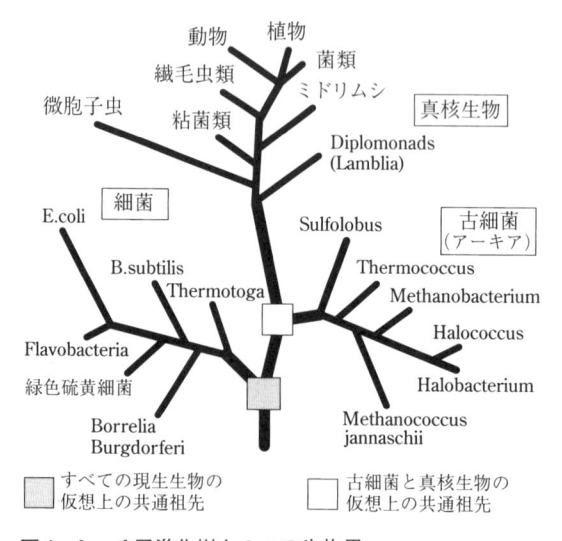

図1-9　分子進化樹と3つの生物界

（細胞小器官）については次章で詳しく勉強する。

　進化的には，遺伝子の構造（塩基配列）が似たもの同士が共通祖先から分かれた可能性が高い。種々の遺伝子の構造を調べて，進化の後付けを行う学問が分子進化学であるが，そのような成果の上に，現在ではわれわれ生物界を3つに大きく分類することが行われている（図1-9）。これによれば，すべての現生生物の共通の祖先から，まず真性細菌が分かれ，さらに古細菌が分かれたと考えられる。古細菌はより真核生物に近く，古細菌の祖先の細胞が，真正細菌を取り込み，共生することによって真核細胞が生まれたとする先の仮説に合致するものである。

## 6．細胞を学ぶ

　私たちの体の中には，およそ60兆個の細胞がある。1個の細胞の大きさは，種類によって異なっているが，およそ5〜100 $\mu$m である。国際的なヒトゲノムプロジェクト（ヒトのもっているすべてのDNAの塩基配列情報を読み取ろうとするプロジェクト）が終了し，ヒトはおおよそ3万2千個程度の遺伝子をもっていることが明らかになった。これらのDNAを一列につなぐと，1個の細胞の中に含まれているDNAの長さはおよそ1.8 mにもなる。わずか10 $\mu$m ほどの球の，そのまた小さな一部である核の中に，1.8 m もの DNA が折りたたまれているのである。

　私たちのゲノムDNAのもつ情報量の総数は，およそ30億塩基対。各巻1000ページから成る大英百科事典に換算すると，280巻分の厚さにもなるという計算がある。一方，私たちの体の中のすべての細胞のDNAをもし一直線に並べたら，地球と太陽の間を300往復する長さ（1000億km）になるという驚くべき換算もある。個々の細胞は，とても目には見えない極小の存在である。しかし，その内部には驚くべき量の情報が詰まり，その情報に従って，さまざまの分子が相互作用し，構造をつく

り，そして生命活動を営んでいるのである．以下の章では，それら細胞の営みの個々の勉強をすることになる．

●参考文献
1) 永田和宏他編「細胞生物学」東京化学同人 (2006).
2) B. Alberts 他著, 中村桂子他監訳「細胞の分子生物学」第3版, 教育社 (1996).
3) H. Lodish 他著, 野田春彦他訳「分子細胞生物学」第4版, 東京化学同人 (2001).
4) 石川春律他編「標準細胞生物学」医学書院 (1999).

〈練習問題〉
1. 遺伝情報の保存装置として，なぜDNAがRNAに取って代わったのか，説明せよ．
2. ヌクレオチドが10個つながったポリヌクレオチドがある．このポリヌクレオチドが原理的に含み得る最大の情報量はどれだけか，塩基の組み合わせの数で答えよ．
3. 原始の生物界においては，RNAが機能分子として働いていた痕跡が今日でも一部残っている．どんな局面にそれは現れているか説明せよ．
4. ミトコンドリアは，本来は好気的細菌であったものが，真核細胞の起源である原始細菌に取り込まれ，共生したものであると考えられている．その根拠は何か説明せよ．

# 2. 細胞内部の構築

森　正敬

　真核細胞では，細胞膜と同じような膜が種々の構造をつくり，動物の器官のようにいろいろな働きをしている。細胞小器官またはオルガネラ（organelle）とよばれ，これらの共同作業により細胞の生命活動が営まれている。細胞小器官には核，小胞体，ゴルジ体，リソソーム，ペルオキシソーム，ミトコンドリアなどがある（図2-1）。植物細胞では，さらに葉緑体などが加わる。本章では，これらの細胞小器官の構造と働きを学ぶ。

## 1. 核

　真核細胞は核膜で包まれた核（nucleus）（細胞核ともよばれる）を有する。核内には遺伝情報を担うゲノムDNAが折りたたまれている。核は一般に球形であるが，細胞によっては楕円形，分葉形などの形をとるものもある。核の構造を図2-2に示す。

### (1) クロマチン

　核は核膜と，核膜に囲まれた核質から成る。核は塩基性色素でよく染まるが，このように染色される物質はクロマチン（chromatin）または染色質とよばれる。クロマチンの本体はDNAとタンパク質の複合体であり，糸状の構造をつくる（図2-3）。これが折りたたまれて濃縮された部分は強く染まることになり，ヘテロクロマチンとよばれる。それ以外の明調な部分はクロマチンが分散した状態にある部位で，真性クロマチンまたはユークロマチンとよばれる。一般的に，真性クロマチンの部

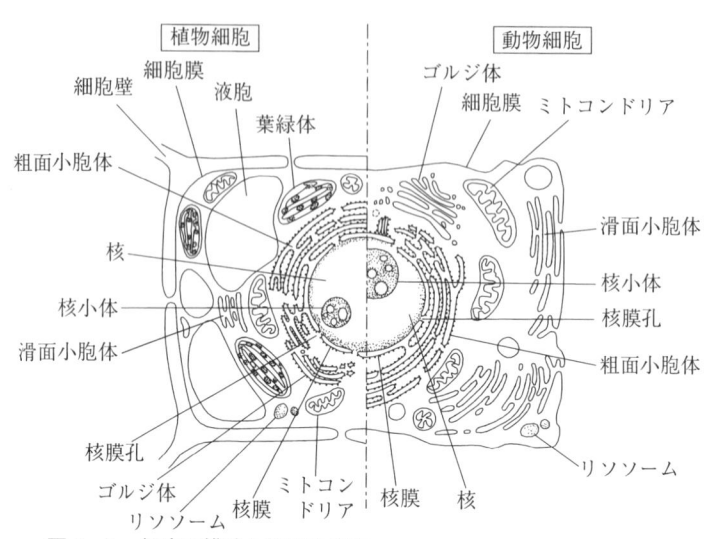

図2-1　細胞の構造と細胞小器官
（「生化学辞典」東京化学同人，1998より改変）（p.568）

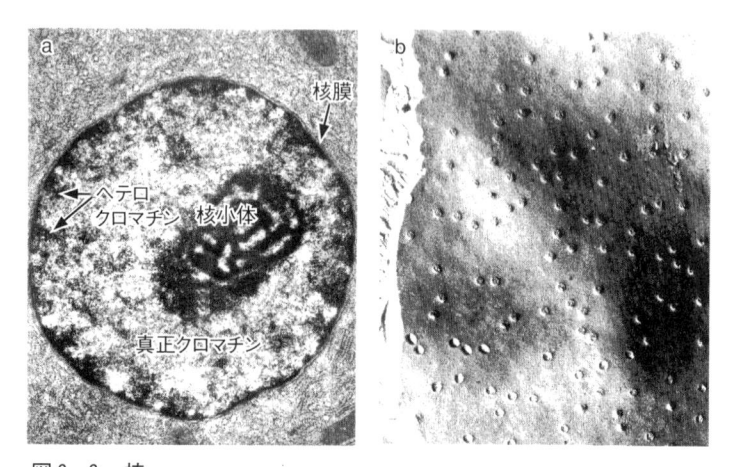

図2-2　核
a．超薄切片で見る核の断面。核膜で細胞質から仕切られ，中の核質は濃く染まったヘテロクロマチンと明るく見える真正クロマチンに区分される。核小体も明瞭に観察できる。
b．凍結割断レプリカ法で見た核表面。膜に沿って割れやすいため，核膜の表面像が観察されるが，多数の核膜孔が形成されているのがよくわかる。
（参考文献1より）

分で遺伝子が転写されており，一方，ヘテロクロマチンの部分では遺伝子が転写されていないと考えられている。細胞分裂のときはすべてのクロマチンが凝縮し，大きく明確な塊をつくる。これが染色体である。

核の最も大切な働きは，遺伝情報の貯蔵と複製およびその発現である。DNA 上の遺伝情報はまず mRNA 前駆体に写し取られ（転写），核内でスプライシングなどのプロセシングを受けて成熟 mRNA となり，核膜孔を通って細胞質へ運ばれ，タンパク質に翻訳される（第 4 章を参照）。

(2) 核小体

核小体（nucleolus）は核内でとくに塩基性色素で濃く染まる球状の構造体で，1～3 個存在する（図 2-2）。リボソーム RNA の合成の場である。核小体にはリボソーム RNA をコードするリボソーム RNA 遺伝子（ほとんどの真核生物で 100 コピー以上ある）が集まっており，リボソーム RNA の合成が活発に行われている。さらにリボソーム RNA の結合タンパク質も含まれており，実際にはリボソーム粒子の前駆体を組み立てる場である。

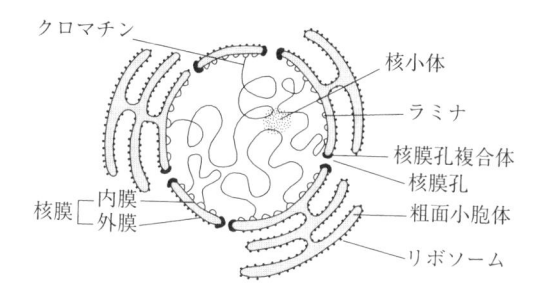

図 2-3 核の模式図
核外膜は，粗面小胞体膜に連続していると考えられている。（石川春律，近藤尚武，柴田洋三郎編「標準細胞生物学」医学書院，1998 より改変）(p. 178)

(3) 核膜

　核膜（nuclear membrane または nuclear envelope）は内外2枚の膜から成り，その間に内腔がある（図2-3）。内膜の核質側には核ラミナとよばれる繊維層が裏打ちしていて，これを介してクロマチンが核膜に付いている。外膜表層にはしばしばリボソームが付着しており，粗面小胞体膜につながっている。

　核膜には直径50～100 nmの小孔が多数開いていて，これを核膜孔（nuclear pore）という（図2-2, 2-3）。孔の辺縁では内膜と外膜が互いに融合している。核膜孔を取り囲むように八角形状の複雑で巨大なタンパク質複合体が存在し，核膜孔複合体とよばれる。この複合体を通ってタンパク質やRNAなどの物質が細胞質と核質の間を出入りする。

## 2. 小胞体

　真核細胞の細胞質内には網目状に広がる膜系があり，ポーター（K. R. Porter）(1953) によって電子顕微鏡観察で見出され，小胞体（endoplasmic reticulum, ER）と名付けられた。一重膜に囲まれた細管状または平板状の構造をしており，細胞質全体に広がっている。その内部に小胞体内腔（ルーメン，lumen）をもつ。小胞体膜と核外膜はつながっている。

　細胞を破砕すると小胞体はちぎれて膜小胞となり，細胞破砕液の分画遠心によって主としてミクロソーム画分に回収される。小胞体は細胞内に存在する膜系についての名称であり，ミクロソームは細胞分画によって得られる膜小胞画分を意味するのが普通である。

　小胞体には膜の細胞質ゾル側に多数のリボソームが付着している粗面小胞体と，リボソームが付着していない滑面小胞体に大別される。粗面小胞体膜と滑面小胞体膜は連続している。

(1) 粗面小胞体

　リボソームが付着した粗面小胞体（rough ER）では分泌タンパク質をはじめとして細胞膜タンパク質，ゴルジ体タンパク質，リソソームタンパク質，小胞体タンパク質などのタンパク質の合成と小胞体内への輸送が行われている。大量のタンパク質を細胞外に分泌する膵臓の外分泌細胞や内分泌細胞，肝細胞などでは粗面小胞体が著しく発達し，何層も平行して配列している（図2-4）。粗面小胞体の膜にはタンパク質を小胞体へ送り込むタンパク質透過チャネルが存在し，タンパク質はリボソーム上で合成されつつチャネルを通過して小胞体内腔へ輸送される（翻訳と共役した輸送，co-translational transport；第7章参照）。小胞体を通過するこれらのタンパク質のほとんどはN末端側にシグナルペプチド（signal peptide）をもち，これを介して小胞体膜に結合する。小胞体内腔ではシグナルペプチドの切断除去，糖鎖の付加，分子内または分子間ジスルフィド（S-S）結合の形成，タンパク質の折りたたみや多量体

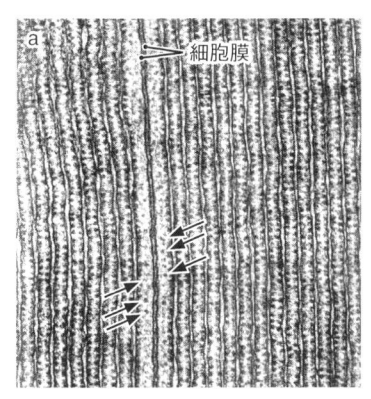

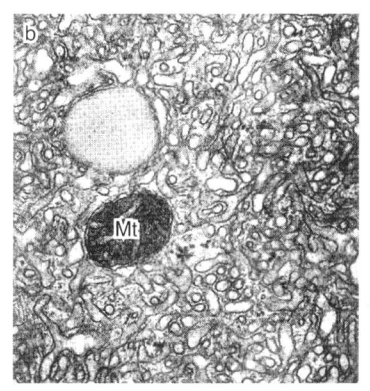

図2-4　小胞体の電子顕微鏡像
　a．粗面小胞体。通常，扁平な袋の形をとり，細胞質ゾル側の膜表面にリボソームが付いている。矢印は遊離リボソーム。コウモリ膵臓外分泌細胞。
　b．滑面小胞体。通常，管の形をとり，複雑な網目を成す。リボソームの付かない平滑な膜が特徴的である。Mt，ミトコンドリア。副腎皮質細胞。
　（参考文献1より）

形成などが行われる。小胞体内には BiP (GRP 78) やカルネキシンなどの分子シャペロンが存在し，新生ポリペプチドの折りたたみや会合体形成を促進する。異常なタンパク質が生じると，その凝集を防いだり，細胞質ゾルへ輸送して分解する品質管理の仕組みを備えている。

(2) 滑面小胞体

　滑面小胞体 (smooth ER) にはリボソームが付着せず，タンパク質の分泌を活発に行っていない細胞の小胞体はこの形態を示す。滑面小胞体ではリン脂質やコレステロールなどの脂質の代謝が行われ，複合脂質合成の盛んな細胞では滑面小胞体が非常によく発達している (図2-4)。またシトクロム P450 やシトクロム $b_5$ とこれらの還元酵素から成る電子伝達系がおもに滑面小胞体に存在し，ステロイドホルモンなどの内因性物質やフェノバルビタールなどの薬剤や種々の発がん物質の代謝に関与している。肝細胞ではタンパク質分泌と薬物代謝がともに活発に行われ，粗面小胞体と滑面小胞体がともによく発達している。滑面小胞体はまた，細胞内 $Ca^{2+}$ プールとしてシグナル伝達に重要な機能を果たしている。骨格筋に存在する筋小胞体 (sarcoplasmic reticulum) は滑面小胞体の $Ca^{2+}$ の取り込み，放出，貯蔵機能が高度に発達したもので，細胞質ゾルの $Ca^{2+}$ 濃度を制御することにより筋を収縮させたり弛緩させたりする。滑面小胞体がもつ機能は粗面小胞体にも存在するが，その活性は低いと考えられている。

## 3. ゴルジ体

　ゴルジ体 (Golgi body) はゴルジ装置 (Golgi apparatus) ともよばれ，ゴルジ (C. Golgi)(1898) により発見された。核周辺に存在し，扁平な袋状の小のうが数層重なって層板を形成している (図2-5, 2-6)。ゴルジ層板の粗面小胞体に近接する面をシス部，反対の面をトランス

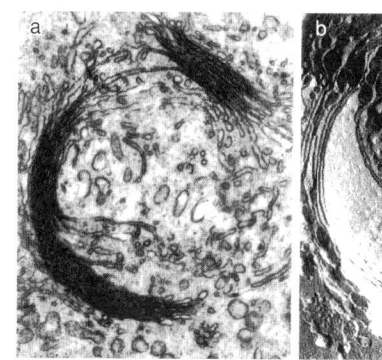

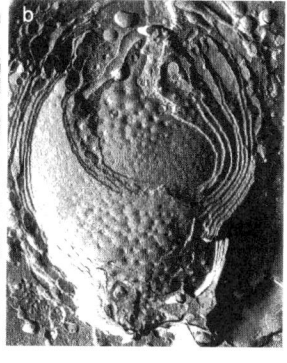

図 2-5　ゴルジ体
a. ゴルジ体は層板状に配列した扁平な袋や小胞から構成されている。凸面がシス面で，凹面がトランス面となる。ヒツジ精子細胞。
b. ゴルジ体の凍結割断レプリカ像。ゴルジ層板が重層している様子がよくわかる。モルモット精母細胞。
（参考文献 1 より）

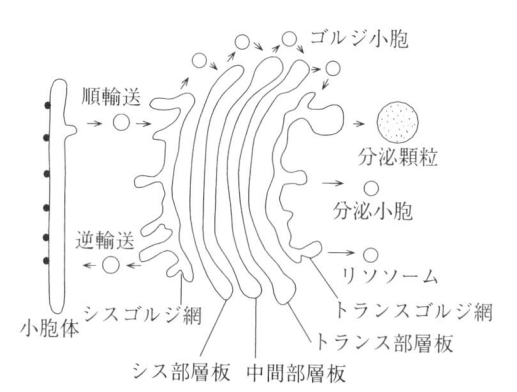

図 2-6　ゴルジ体の模式図
（「分子細胞生物学辞典」東京化学同人，1997）

部，その中間を中間部とよぶ。一般に，ゴルジ層板は杯状に湾曲しており，シス部は凸面，トランス部は凹面となる。ゴルジ体は分泌タンパク質などの細胞内輸送の最も重要な中継基地であり，粗面小胞体でつくられたタンパク質はゴルジ体のシス側に運ばれ，中間部を経てトランス側へ輸送される（第7章参照）。この過程でタンパク質の糖鎖は種々の修飾を受ける。トランス部の最外層はトランスゴルジ網（trans Golgi network）を形成し，タンパク質はここで目的地ごとに選別され，分泌顆粒，分泌小胞，リソソーム小胞などが形成される。一方，シスゴルジ網からは小胞体に向けて逆向きの小胞輸送が行われる。細胞分裂期にはゴルジ体が断片化する。

## 4．リソソーム

リソソーム（lysosome）は細胞内外の物質の加水分解・消化を行う一重膜の細胞小器官で，ドデューブ（C. deDuve）により lyso（溶かす）some（顆粒）の意から命名された。形や大きさが不均一な高電子密度の顆粒として観察される（図2-7）。リソソーム膜上にはATP依存性の

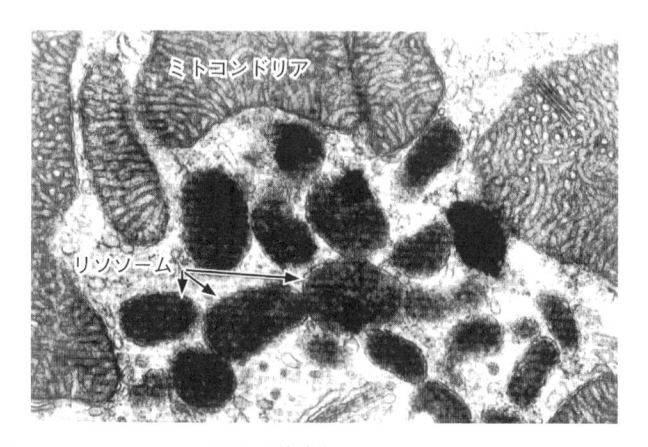

図2-7　リソソームの電子顕微鏡像
顆粒内容が不均一なリソソームは大型の異物や細胞内構造物を消化しているところと考えられる。ハムスター副腎皮質細胞。（参考文献1より）

プロトンポンプが存在し，リソソーム内は pH 5 近傍に保たれている。また内腔には酸性の最適 pH をもつ数十種類の加水分解酵素が局在している。リソソームはゴルジ体から形成されるが，細胞外から取り込んだ分子や異物，老化した細胞小器官などを分解する。

リソソームに局在する加水分解酵素が欠損すると，その酵素の基質がリソソーム内に蓄積し，リソソーム病（リソソーム蓄積症）を起こす。小児期に多彩な症状を示す進行性の病気として現れ，中枢神経障害を伴うことが多い。

## 5．ペルオキシソーム

ペルオキシソーム（peroxisome）は直径 0.3〜1 μm の球状の細胞小器官で，1 枚の膜と，それに囲まれたマトリックスより成る（図 2-8）。この顆粒中には過酸化水素（$H_2O_2$）を生成する一群のオキシダーゼと，それを分解するカタラーゼが局在することより，ペルオキシソームという機能的名称が付けられた。上に述べた $H_2O_2$ 代謝のほかに，極長鎖脂肪酸の β 酸化やプラスマローゲンなどのエーテルリン脂質の合成など多くの機能を有する。抗脂血剤などの薬物の投与により，肝臓のペルオキシソームが著しく誘導されることが知られている。

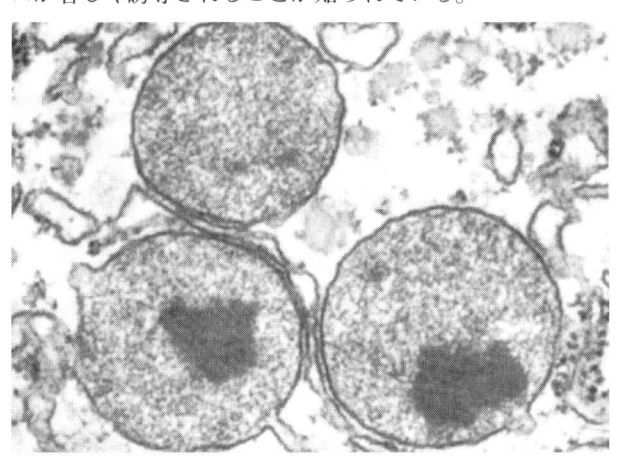

図 2-8　ラット肝細胞のペルオキシソームの電子顕微鏡写真
ペルオキシソームのマトリックスの中にはしばしば電子密度の高い core が見られる。（参考文献 1 より）

ペルオキシソーム病は，ペルオキシソーム酵素が欠損したり，ペルオキシソームの形成が障害されたりする先天性代謝異常症である。ツェルベーガー症候群（Zellweger syndrome）では形態的にペルオキシソームが認められず，その形成が障害されている。ペルオキシソーム形成に関与する遺伝子が多数単離されており，これらの異常はペルオキシソーム病の原因となることがわかってきた。

ペルオキシソームおよび類似の顆粒は植物やカビにも存在し，植物の脂肪性種子の発芽過程で現れるグリオキシソーム（glyoxisome）も基本的にはペルオキシソームと同じである。

## 6．ミトコンドリア

ミトコンドリア（mitochondrion,（pl.）mitochondria）は糸状あるいは顆粒状の細胞小器官で，栄養物質の酸化によるエネルギーを用いてATPを合成する酸化的リン酸化を主な役割としている。独自のDNAとその複製・転写・翻訳系をもち，分裂により半自律的に増殖する。高等動植物では1細胞あたり100〜2000個ほど含まれる（図2-9）。ミトコンドリアは内外2枚の膜に包まれており，外側から外膜，膜間腔，内膜，マトリックスの4つの区画に分かれている（図2-10，2-11）。内

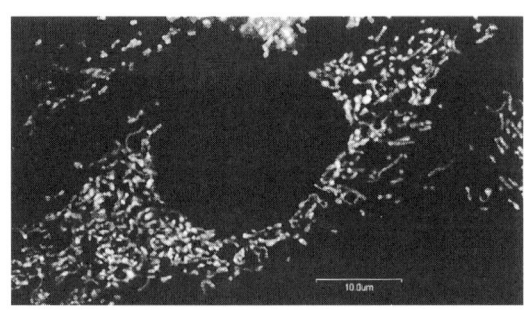

図2-9　哺乳類培養細胞ミトコンドリアの共焦点顕微鏡写真　Mitotracker®で染色した。細胞質に楕円形またはヒモ状のミトコンドリアが多数観察される。（提供：熊本大学寺田和豊博士）

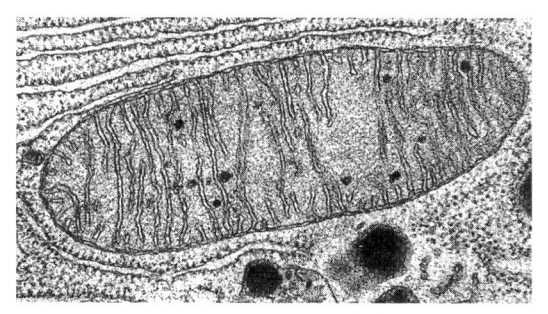

図 2-10　ミトコンドリアの電子顕微鏡写真　内膜がマトリックス内に櫛状に折れ込んでクリステを形成している。コウモリ膵臓細胞。(参考文献 1 より)

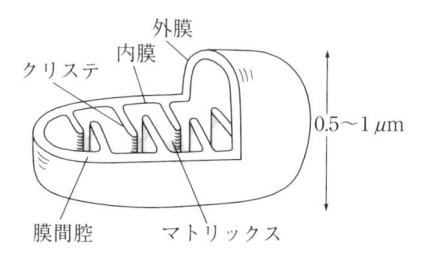

図 2-11　ミトコンドリアの模式図

膜はマトリックスに向かって櫛状またはひだ状に折れ込んでクリステを形成している。内膜には電子伝達系や ATP 合成酵素を含む酸化的リン酸化の系が存在し，ATP を合成する。

　ミトコンドリアの ATP 合成については第 8 章で詳しく述べる。

## 7. 葉緑体

葉緑体はクロロプラスト（chloroplast）ともよばれ，高等植物や紅藻などの植物に存在し光合成を行う細胞小器官である。高等植物の葉緑体は直径約 5 μm，厚さ 2～3 μm の円盤状またはフットボール状で，細胞あたり数十個含まれている。葉緑体は内外 2 層の包膜（envelop）で包まれ，その内部はストロマ（stroma）とよばれる水溶性部分と，扁平な袋状の膜が重なった膜系に分かれている（図 2-12, 2-13）。膜系には小型のチラコイド（thylakoid）が積み重なったグラナ（grana）と，それをつなぐ大型のチラコイドがある。チラコイドには光合成色素，電子伝達系，ATP 合成酵素が存在し，光エネルギーを化学エネルギー（ATP と NADPH）に変換する明反応を行う。クロロフィルを含むため緑色を呈する。ストロマではチラコイドで生成したエネルギーを使って炭酸固定をする暗反応が行われる。葉緑体は独自の葉緑体 DNA とその複製・転写・翻訳系をもち，部分的な自己増殖性を示す。

葉緑体のエネルギー変換については第 8 章で詳しく述べる。

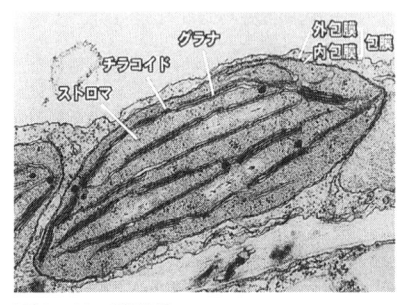

**図 2-12 葉緑体**
二重の膜で囲まれた大型の細胞小器官で，内部に扁平な袋（チラコイド）とそれが重なったグラナという構造が見られる。（長舩哲斎博士原図）

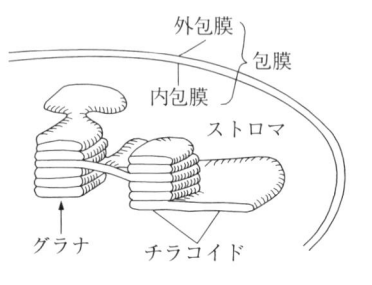

**図 2-13 葉緑体の模型図** 葉緑体の内部には，チラコイドとよばれる扁平な袋が存在し，これが幾重にも重なった部分がグラナとして認められる。チラコイドを除いたストロマはデンプン顆粒や脂肪滴などを含んでいる。

●参考文献
1) Fawcett 著「The Cell」W. B. Saunders Co.（1981）.
2) 石川春律他編「分子・細胞の生物学Ⅱ」（岩波講座・現代医学の基礎2）岩波書店（2000）.
3) B. Alberts 他著，中村桂子他監訳「Essential 細胞生物学」南江堂（2005）.
4) H. Lodish 他著，野田春彦他訳「分子細胞生物学」第4版，東京化学同人（2001）.

〈練習問題〉
1. 1枚の膜に包まれた細胞小器官を4つ挙げよ.
2. 2枚の膜に包まれた細胞小器官を3つ挙げよ.
3. 分泌タンパク質が細胞外へ分泌されるとき，どのような細胞小器官を経由するか述べよ.
4. ミトコンドリアと葉緑体の異同について数行で述べよ.

# 3. 細胞で働く分子たち

森　正敬

　生物は千差万別の姿をもち，成長したり子孫をつくったり，その生命活動の多様さと複雑さと精巧さは驚くばかりである。このような生命活動が化学反応であるとはとても思えない。事実19世紀までは，生物には生命の力が宿っていて，その働きで独特の性質が現れると考えられていた（生気論）。しかし今日では，生命体はすべて化学と物理学の法則に従うことがわかっている。すなわち，生物は化学反応で働くシステムにすぎない。とはいっても，生命の化学が特別であることも確かである。生命の化学には4つの特徴がある。第一に，その大部分が有機化学（炭素化合物の化学）に基づく。第二に，化学反応のほとんどが水溶液中で起こり，反応温度もpHも狭い範囲に限られている。第三に，極めて複雑であり，既知のどんな化学反応系よりもはるかに込み入っている。最後に，生命の化学を支配しているのは重合体より成る巨大な高分子物質であることである。

　本章では，細胞や生体をつくる物質とその性質，またそれらの物質がどのような働きを担っているかについて学ぶ。

## 1. 細胞をつくる分子

　生体や細胞は，単純な無機物から極めて複雑な高分子有機化合物まで，多くの分子からできている。大腸菌とラット肝臓を例に，代表的な細胞の組成を表3-1に示す。細胞によってその割合は異なるが，細胞や生体に最も多く含まれる物質は水である。水は生体で起こるすべての反

表 3-1　代表的な細胞の化学組成 (%)

| 成　分 | 大腸菌 | ラット肝臓 |
|---|---|---|
| 水 | 70 | 69 |
| タンパク質 | 15 | 21 |
| DNA | 1 | 0.2 |
| RNA | 6 | 1.0 |
| 炭水化物 | 3 | |
| 　グリコーゲン | | 3.8 |
| 脂質 | 2 | 6 |

（日本生化学会編「生化学データブックⅠ」東京化学同人，1977より改変）

応の媒体である。水を除くと，残りの生体成分のほとんどを生体高分子が占める。主要な生体高分子はタンパク質，核酸（DNAとRNA），多糖類の3つである。この中で最も多いのはタンパク質で，多くの動物細胞ではおよそ20％を占める。タンパク質は細胞の構造をつくったり，酵素として生体の化学反応を支えたりしている。DNAは遺伝物質として，RNAはリボソームRNA，メッセンジャーRNAなどとして働いている。炭水化物はエネルギー源として，動物ではグリコーゲン，植物ではデンプンの形で貯蔵され，植物ではまたセルロースとして存在する。脂質はリン脂質として膜を構成したり，中性脂肪として蓄えられエネルギー源となる。

　これらのほかに，アミノ酸やヌクレオチド，ペプチド，脂肪酸などの低分子有機物質や，$Ca^{2+}$，$Na^+$，$K^+$，$Mg^{2+}$，$Fe^{2+}$，$Cl^-$，リン酸などの無機物が存在し，それぞれ重要な役割を果たしている。

## 2. アミノ酸とタンパク質

### (1) アミノ酸

　タンパク質（protein）はアミノ酸（amino acid）がつながってできている。アミノ酸は図3-1に示すような基本構造をもち，炭素（α炭素とよばれる）に水素（H），アミノ基（$NH_2$），カルボキシル基（COOH），それに側鎖（R）が結合している。アミノ酸は中性の溶液中ではイオン化して解離型となる。アミノ酸には互いに鏡像の関係にあるL体とD体の立体異性体があるが，自然界には原則としてL体が存在し，タンパク質を構成しているのはL体のみである。

　自然界には側鎖の異なる100種類以上のアミノ酸が存在するが，タンパク質中には20種類のアミノ酸しか使われていない（表3-2）。側鎖の性質により，親水性のアミノ酸と疎水性のアミノ酸，酸性アミノ酸（アスパラギン酸とグルタミン酸），塩基性アミノ酸（リシン，アルギニンなど），芳香族アミノ酸（フェニルアラニン，チロシン，トリプトファン）などがある。

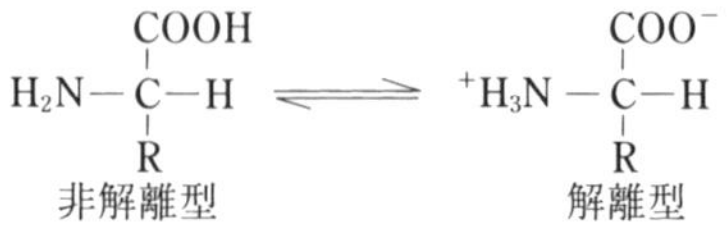

$$H_2N-\underset{\underset{\text{非解離型}}{R}}{\overset{COOH}{\underset{|}{C}}}-H \rightleftharpoons {}^+H_3N-\underset{\underset{\text{解離型}}{R}}{\overset{COO^-}{\underset{|}{C}}}-H$$

**図3-1　アミノ酸の一般式**
側鎖（R）には20種類ある。中性pHではアミノ基（$-NH_2$）もカルボキシル基（-COOH）もイオン化し，解離型となっている。

### (2) タンパク質の一次構造

　タンパク質はアミノ酸がペプチド結合で直鎖状につながったものである。ペプチド結合は隣り合う2つのアミノ酸の間で，一方のアミノ酸の

表 3-2　アミノ酸側鎖（R）の種類と性質

| アミノ酸 | R | 3文字表記 | 1文字表記 | 性質 |
|---|---|---|---|---|
| グリシン | $-H$ | Gly | G | |
| アラニン | $-CH_3$ | Ala | A | |
| バリン | $-CH(CH_3)_2$ | Val | V | 脂肪族の側鎖をもつ。V, L, I は分枝アミノ酸 |
| ロイシン | $-CH_2-CH(CH_3)_2$ | Leu | L | |
| イソロイシン | $-CH(CH_3)(CH_2-CH_3)$ | Ile | I | |
| セリン | $-CH_2-OH$ | Ser | S | OH基をもつ（チロシンも） |
| トレオニン | $-CH(OH)-CH_3$ | Thr | T | |
| システイン | $-CH_2-SH$ | Cys | C | 硫黄原子をもつ |
| メチオニン | $-CH_2-CH_2-S-CH_3$ | Met | M | |
| アスパラギン酸 | $-CH_2-COO^-$ | Asp | D | 酸性アミノ酸 |
| グルタミン酸 | $-CH_2-CH_2-COO^-$ | Glu | E | |
| リシン | $-CH_2-CH_2-CH_2-CH_2-NH_3^+$ | Lys | K | |
| アルギニン | $-CH_2-CH_2-CH_2-NH-C(NH)(NH_3^+)$ | Arg | R | 塩基性アミノ酸 |
| ヒスチジン | $-CH_2-C(=NH-CH)(CH-NH^+)$ | His | H | |
| アスパラギン | $-CH_2-C(=O)NH_2$ | Asn | N | アミド基をもつ |
| グルタミン | $-CH_2-CH_2-C(=O)NH_2$ | Gln | Q | |
| フェニルアラニン | $-CH_2-C_6H_5$ | Phe | F | 芳香族アミノ酸 |
| チロシン | $-CH_2-C_6H_4-OH$ | Tyr | Y | |
| トリプトファン | $-CH_2-(インドール)$ | Trp | W | |
| プロリン* | $HN-CH(COOH)-CH_2-CH_2-CH_2$（環状） | Pro | P | イミノ酸 |

\*　プロリンはアミノ酸全体の構造を記してある。

カルボキシル基の OH と他方のアミノ酸のアミノ基の H が水（$H_2O$）として外れてできる結合で，CO–NH で表される（図3-2）。生体内では遺伝子 DNA の塩基配列情報に従ってアミノ酸がつながれていき，タンパク質ができる（第4章参照）。タンパク質の中には 100 個ほどのアミノ酸からできた分子量1万ほどのものから，1000 個以上のアミノ酸からできた分子量 10 万以上のものまであるが，数百個のアミノ酸でできた分子量数万のものが多い（アミノ酸残基の平均分子量は約 110 で，覚えておくと便利である）。アミノ酸の α アミノ基と α カルボキシル基はタンパク質に合成されるときにペプチド結合になるが，ペプチド結合に使われないアミノ基がアミノ（または N）末端に，カルボキシル基がカルボキシル（または C）末端に存在する。細胞内でタンパク質は N 末端から C 末端へ向かって合成される。ペプチド鎖中のシステイン残基の間ではしばしばジスルフィド（S-S）結合を形成し，同じペプチド内または異なるペプチド間で架橋構造をつくる。

　タンパク質にはアミノ酸だけから成る単純タンパク質と，アミノ酸以外の成分を含む複合タンパク質がある。複合タンパク質には糖タンパク質，リポタンパク質，ヘムタンパク質，金属タンパク質などがある。分子量の大きいタンパク質の多くは複数個のサブユニット，すなわち複数のポリペプチドより成る。サブユニットは同じ場合もあり，異なる場合もある。

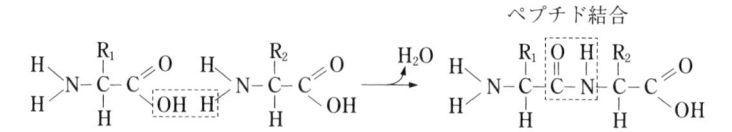

**図3-2　ペプチド結合のでき方の原理**
$R_1$ アミノ酸の OH 基と $R_2$ アミノ酸の H が水（$H_2O$）として外れてペプチド結合ができる。ポリペプチドはこの結合が繰り返し起こり，つくられる。タンパク質はポリペプチドから成る。細胞内ではリボソーム上で複雑な反応によってポリペプチドが合成される（第4章参照）。

## (3) タンパク質の立体構造

タンパク質の構造は第5章で詳しく述べるが，ひものように伸びているわけではなく，折りたたまれて立体的な構造をとっている。立体構造には二次構造，三次構造，および四次構造とよばれる3つのレベルがある。二次構造はペプチド鎖の主鎖間でつくられる規則的な立体構造で，$\alpha$ヘリックス，$\beta$シートなどがある。タンパク質はさらに複雑に折りたたまれて三次構造をつくる。一般に，親水性アミノ酸は表面に，疎水性アミノ酸は内部に集中する。タンパク質の立体構造は基本的には一次構造（アミノ酸配列）によって決まる。図3-3にリボヌクレアーゼAの立体構造を示す。$\alpha$ヘリックスや$\beta$シートや不規則な構造がさらに折りたたまれて，ほぼ楕円形の立体構造をつくっている。四次構造は三次構造をもったタンパク質同士がさらに会合してつくる複合体構造をいい，サブユニット構造がこれにあたる。タンパク質はこうした高次構造をとってはじめて機能することができる。

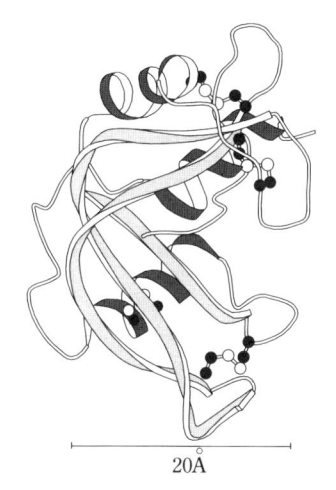

**図3-3　リボヌクレアーゼAの三次構造**
$\alpha$ヘリックスをリボン状で，$\beta$シートを板状で示し，4つのS-S結合も示した（○は硫黄原子）。

### (4) タンパク質の働き

　生体には数万種類のタンパク質が存在し，生命活動を支えている。タンパク質の主な働きを表3-3に示す。

　構造タンパク質は細胞や生体の構造を維持する働きをもつ。生体に存在するタンパク質で最も多いのは構造タンパク質であり，哺乳類ではコラーゲンが全タンパク質の約1/3を占める。コラーゲンやエラスチンは細胞外マトリックスに存在し，細胞外から生体を支えているが，細胞内ではチューブリンやアクチンなどが重合体をつくり細胞の支持体として働いている。

　細胞は数千種類もの酵素を含んでおり，個々の酵素は特定の反応を触媒する。化学実験では酸やアルカリを加えたり高温にしたりしないと起こらないような多くの反応が，生体内では中性pH，37℃という温和な条件下で起こるが，これは酵素の働きによる。

　骨格筋細胞にあるミオシンやアクチンは動物の運動を司っている。またキネシンは微小管とともに細胞小器官の移動を司り，ダイニンは繊毛や鞭毛の運動にかかわる。

　血液中のヘモグロビンは酸素を，血清アルブミンは脂肪酸などを，トランスフェリンは鉄を運搬する。また細胞膜にはいろいろな輸送タンパク質があり，イオンや小分子を細胞膜を横断して輸送している。

表3-3　タンパク質の主な働き

| 働き | タンパク質の例 |
| --- | --- |
| 構　造 | コラーゲン，エラスチン，アクチン |
| 触媒作用 | 酵素 |
| 収縮・運動 | ミオシン，アクチン，キネシン，ダイニン |
| 輸　送 | ヘモグロビン，アルブミン，リポタンパク質，トランスフェリン |
| ホルモン作用 | インスリン，成長ホルモン |
| 防　御 | 免疫グロブリン，サイトカイン |
| 遺伝子制御 | 転写因子，ヒストン |

そのほか，インスリンや成長ホルモンなどのペプチドホルモン，免疫グロブリンやサイトカインなどの生体防御に働くタンパク質，ロドプシンやホルモン受容体などの受容体タンパク質，多くの転写因子やヒストンなど遺伝子の活性調節に働くタンパク質などがある。

## 3. 炭水化物

炭水化物（carbohydrate）は糖質（sugar）ともよばれ，もとは「炭素（C）と水（$H_2O$）の化合物」に与えられた名で，多くの場合$(CH_2O)_n$で表される。炭水化物には単体である単糖，これが2個つながった二糖，数個つながったオリゴ糖，さらに多数つながった多糖がある。

### (1) 単糖と二糖

よく知られている単糖にグルコース（ブドウ糖）（図3-4），フルクトース（果糖），ガラクトースがある。これらは六炭糖（$n=6$）でいずれも$C_6H_{12}O_6$で表されるが，分子の構造がそれぞれ異なり，その性質も異なる。グルコースは生体の主なエネルギー源であり，それを分解することにより生体エネルギーの通貨であるATPを合成する（第8章参照）。血中のグルコースは血糖とよばれ，その濃度は厳密に制御されている。$n=5$の糖は五炭糖とよばれ，リボースはRNAの，デオキシリボースはDNAの構成成分である（本章5節参照）。

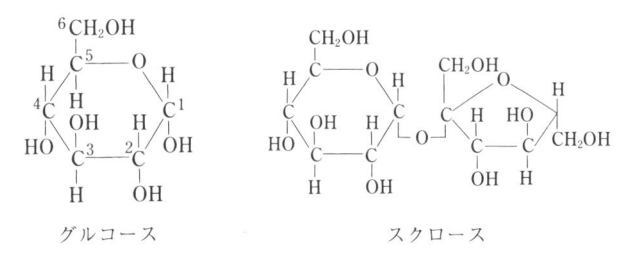

図3-4 代表的な単糖と二糖　スクロースはグルコースとフルクトースよりできている。

二糖は2個の単糖がグリコシド結合したものである。マルトース（麦芽糖），スクロース（ショ糖）（図3-4），ラクトース（乳糖）などがあり，それぞれグルコース2個，グルコースとフルクトース，グルコースとガラクトースが結合したものである。グリコシド結合は，左側の単糖のOHと右側の単糖のHが脱水縮合してできる。スクロースは甘味料（砂糖）として用いられる。

(2) **多糖**

多糖（polysaccharide）は単糖がいくつもつながってできる。動物は糖質をグリコーゲンに変えて肝臓や筋肉にエネルギー源として貯えるが，グリコーゲンはグルコースからできた多糖である。単糖にはOH基が複数あり，2か所のOHで縮合すると枝分かれした鎖ができる。グリコー

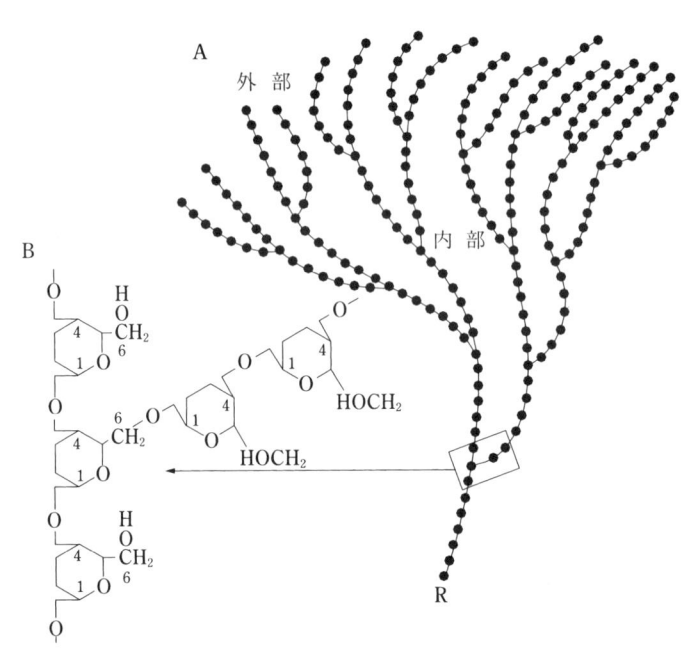

図3-5 **グリコーゲン分子構造** A：一般的構造。B：分枝点の構造の拡大。主に1,4-グリコシド結合でできており，1,6結合で枝分かれする。グリコーゲンの合成や分解は枝の端で起こる。Rは最初のグルコース残基。

ゲンはよく枝分かれした構造をしている（図3-5）。これは，グリコーゲンを迅速に合成したり分解したりするのに都合がよい。一方，植物のデンプンもグルコースの多糖であるが，枝分かれは少ない。これは，急いで合成したり分解したりする必要がないためと考えられる。植物の細胞壁をつくっているセルロースもグルコースの多糖であるが，分枝がなく，グリコシド結合も異なる。

糖質はタンパク質と結合して糖タンパク質をつくり，脂質と結合して糖脂質をつくる。これらを複合糖質とよぶ。これらの複合糖質は生体組織の構成物質として働くのみならず，細胞間の認識や情報伝達に重要な働きをしている。

## 4．脂質

脂質（lipid）は水に溶けにくく，脂溶性有機溶媒に溶ける生体物質で，一般に分子中に脂肪酸または類似の炭化水素鎖をもつ。生物にとってとくに重要な脂質には脂肪酸，トリアシルグリセロール，リン脂質，ステロイドなどがある。

### (1) 脂肪酸

脂肪酸（fatty acid）は直鎖炭化水素鎖にカルボキシル基（-COOH）が付いたものである。飽和炭化水素鎖をもつ脂肪酸を飽和脂肪酸という。生物にとって重要なのはパルミチン酸（16），ステアリン酸（18）などである。例として図3-6にパルミチン酸の炭素骨格を示す。天然の脂肪酸で面白いのは炭素数が偶数になっていることである。これは合成されるとき，2個ずつ伸びるからである。

不飽和炭化水素鎖をもつものを不飽和脂肪酸という。ステアリン酸に二重結合が1個入ったものがオレイン酸，2個入ったものがリノール酸，3個入ったものがリノレン酸である。不飽和脂肪酸は飽和脂肪酸に比べ

て融点が低い。例えば炭素数 18 のステアリン酸は室温で固体であるが，同じ炭素数のオレイン酸，リノール酸，リノレン酸は液体である。

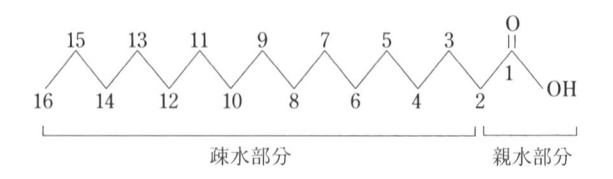

**図 3-6 パルミチン酸の構造** 炭素骨格の炭素（C）と水素（H）を省略した。

脂肪酸は疎水性の炭化水素鎖と親水性のカルボキシル基からできている（図 3-6）。このように 1 分子の中に疎水性の部分と親水性の部分を合わせもっていることを両親媒性という。水溶液中では脂肪酸は集まって，疎水性部分を中心とし，親水性部分を表面に出したミセルとよばれる構造をとる（図 1-4 参照）。脂肪酸ナトリウム（石けんの主成分）が油の汚れを除くのは，この性質による。

### (2) トリアシルグリセロール

普通，中性脂肪（あるいは単に脂肪）といっているのはトリアシルグリセロール（トリグリセリド）のことで，グリセロールに 3 個の脂肪酸が結合してできる（図 3-7）。トリアシルグリセロールはエネルギー源として細胞内に貯えられ，必要に応じてグリセロールと脂肪酸に分解され，ATP の合成に用いられる。

**図 3-7 トリアシルグリセロール合成の原理** トリアシルグリセロールは，グリセロールと 3 分子の脂肪酸が縮合してできる。生体内ではグリセロールと脂肪酸の活性化が必要である。分解は逆反応による。

### (3) リン脂質

　リン脂質（phospholipid）はグリセロールに 2 個の脂肪酸と 1 個のリン酸を含む小分子が結合してできる（図 3-8）。リン酸には通常コリン，エタノールアミン，セリンなど窒素を含む化合物が結合している。リン脂質のリン酸を含む部分は親水性であり，一方，脂肪酸の炭素鎖の部分は疎水性で，両親媒性を示す。親水性の頭部に疎水性の 2 本の足が付いたような形でよく表される。

　ある条件下でリン脂質を水と混ぜ合わせるとリポソームとよばれる構造をつくる。リン脂質の疎水部分が向かい合って二重層構造をつくり，この膜が丸く閉じると中に水を含んだ袋状の構造ができる（図 1-4 参照）。これが生体膜の基本構造となっている。実際の生体膜は，リン脂質の二重層にコレステロールや糖脂質などの複合脂質，さらにタンパク質（膜タンパク質）が組み込まれてできる（図 6-1 参照）。

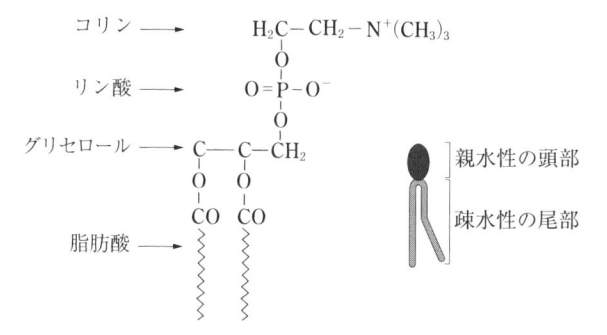

**図 3-8　リン脂質**　グリセロールに 2 分子の脂肪酸と 1 分子のリン酸を含む小分子が結合してリン脂質ができる。この図はコリンが結合したホスファチジルコリン（レシチン）を示す。リン酸を含む部分は強い親水性を示し，脂肪酸の部分は疎水性である。リン脂質はしばしば，丸い親水性部分に疎水性の 2 本の足が付いている分子として表される。折れ曲がった部分は二重結合があることを示す。

## 5. ヌクレオチドと核酸

ヌクレオチドは核酸の構成単位として，またエネルギー代謝でのATPとしての働きがよく知られているが，そのほかにもGTPやサイクリックAMP，サイクリックGMPとして情報伝達に関与するなど，多くの働きがある。ヌクレオチドは塩基（プリンとピリミジン）とリン酸と五炭糖（リボースまたはデオキシリボース）が結合したものである。

### (1) プリン塩基とピリミジン塩基

プリン塩基とピリミジン塩基はともに複式環状アミンで，図3-9のような骨格をもっている。プリン塩基にはアデニンとグアニン，ピリミジン塩基にはシトシン，チミン，ウラシルがある。

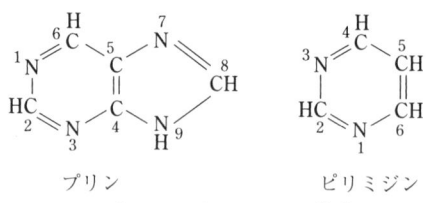

図3-9 プリンとピリミジンの構造

### (2) ヌクレオシドとヌクレオチド

塩基にリボースが結合したものをリボヌクレオシド，デオキシリボースが結合したものをデオキシリボヌクレオシドとよび，両方を合わせてヌクレオシドとよぶ。ヌクレオシドのリボースまたはデオキシリボースの炭素5'の位置にリン酸が1個（一リン酸），2個（二リン酸）または3個（三リン酸）結合したものをヌクレオチドとよぶ。糖部分がリボースのリボヌクレオチドと，デオキシリボースのデオキシリボヌクレオチドがある。生体のエネルギー代謝で中心的な働きをするATP（アデノシン

5′-三リン酸）の構造を図 3-10 に示す。

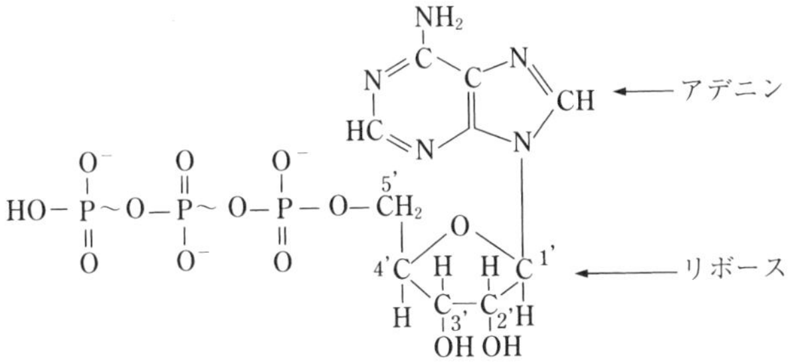

**図 3-10　ATP（アデノシン 5′-三リン酸）の構造**　波線（〜）で示した結合が高エネルギーリン酸結合として、種々の合成反応や筋収縮、能動輸送などに用いられる。

### (3) DNA

　DNA はデオキシリボヌクレオチドが長くつながったもので、隣り合ったヌクレオチド中のデオキシリボースの 3′ 位と 5′ 位がリン酸を介して結合している（図 3-11）。生体では、デオキシリボヌクレオシド三リン酸が 2 個のリン酸を放出しながら結合する。DNA に含まれる塩基はアデニン、グアニン、シトシン、チミンの 4 種である。

　DNA は実際には 1 本鎖ではなく、2 本の鎖がらせん状に巻いた二重らせん（ダブルヘリックス）構造をつくっている（図 3-12）。二重らせん構造ではアデニン（A）とチミン（T）、グアニン（G）とシトシン（C）が水素結合（塩基対）をつくって構造を安定化している。この構造がワトソン (Watson) とクリック (Crick) によって解明されたことにより、遺伝子のコピーをつくるという遺伝の原理が明らかになった。また DNA 上に 4 文字で書き込まれた情報はメッセンジャー RNA を介してタンパク質に読み取られ、生命活動を支えている（第 4 章参照）。

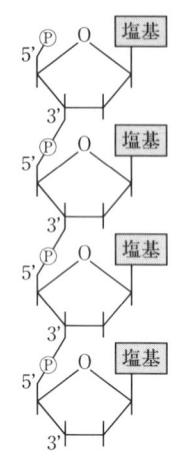

**図3-11 DNAの1本鎖の構造**
糖の部分はデオキシリボースで，塩基はアデニン，グアニン，シトシンとチミン。RNAでは糖がリボース（2′の位置にOH基が付く）で，塩基はチミンの代わりにウラシルが用いられる。

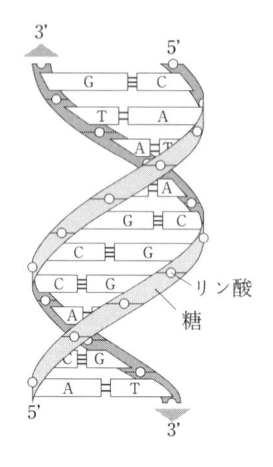

**図3-12 DNAの二重らせん構造**
リボン状の構造は糖-リン酸骨格を示す。アデニン（A）とチミン（T）は2本の水素結合を，グアニン（G）とシトシン（C）は3本の水素結合をつくっている。

### (4) RNA

RNAは1本鎖で，基本的にはDNAの1本鎖とほぼ同じである。異なるところは，DNAがデオキシリボースを含むのに対し，RNAはリボースをもっている。また塩基は，アデニン，グアニン，シトシンはDNAと共通であるが，DNAのチミンの代わりにウラシルを含んでいる。RNAはメッセンジャーRNA，リボソームRNA，および転移RNAとして，DNAの情報がタンパク質に読み取られる転写と翻訳の段階で働く。多くの植物ウイルスや動物のRNAウイルスでは，RNAが遺伝子として働いている。

●参考文献
1) L. Stryer 著,入村達郎他訳「ストライヤー生化学」第5版,トッパン (2004).
2) D. Voet, J. Voet 著,田宮信雄他訳「ヴォート生化学」第3版 (2005).
3) R. K. Murray 他著,上代淑人監訳「イラストレイテッド・ハーパー生化学」丸善 (2003).
4) 藤田道也編集「標準分子医化学」医学書院 (1997).


〈練習問題〉
1. 中性水溶液中のタンパク質の正電荷と負電荷が何に由来するか述べよ。ただし翻訳後修飾は考慮しない。
2. グルコースからできる多糖を3つ挙げ,それぞれの構造上の特徴を述べよ。
3. 代表的な脂質を3つ挙げ,それぞれの代表的な働きを述べよ。
4. DNAとRNAの構造上の異同について簡単に述べよ。

# 4 タンパク質の合成

永田　和宏

　遺伝情報は核内の DNA に書き込まれているが，その情報は最終的にタンパク質に翻訳される。遺伝情報は，DNA から読み出されて，RNA に〈転写〉され，さらにタンパク質に〈翻訳〉される。この DNA⇒RNA⇒タンパク質という情報の流れは〈セントラルドグマ〉とよぶが（図4-1），情報は一方通行で，逆に流れることはないという意味を含んでいる。RNA を情報の貯蔵システムとして用いるレトロウイルスにおいては，情報は RNA からいったん DNA へ移されることもあることがわかり，厳密な意味ではセントラルドグマは成立しないことになったが，このような例外を除いて，情報の流れがセントラルドグマに従うことは基本的にはすべての生物において正しい。ここでは，DNA 上の遺伝情報が，タンパク質に翻訳されるまでの過程について概説する。

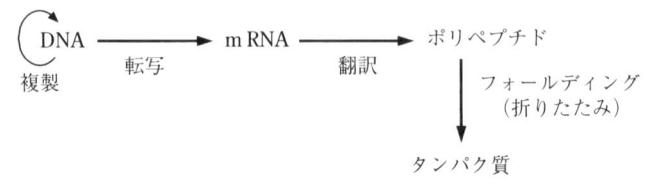

```
 ┌─┐
 │ DNA ──転写──→ mRNA ──翻訳──→ ポリペプチド
 └複製                                    │
                                     フォールディング
                                      （折りたたみ）
                                          ↓
                                        タンパク質
```

図 4-1　セントラルドグマ

　最初に DNA からタンパク質になるまでの情報の動きを，簡単に細胞内で追ってみよう（図4-2）。DNA は核の中で複製（合成）される。DNA から RNA への転写も核の中で起こる。RNA はサイトゾルへ輸送されて機能するが，3種の RNA のうち，mRNA は核内でスプライシン

グを受けてからサイトゾルへ輸送される。mRNA の情報は，RNA とタンパク質の巨大な複合体から成るリボソームにおいて，アミノ酸配列へと変換され（翻訳），アミノ酸がペプチド結合によってつながったポリペプチドが合成される。ポリペプチドがタンパク質として機能するためには，それ自体が正しく折りたたまれて（フォールディング），三次元的な構造を獲得するとともに，それが機能する正しい場所へ輸送されなければならない。このポリペプチド合成以降の過程については次章で勉強する。

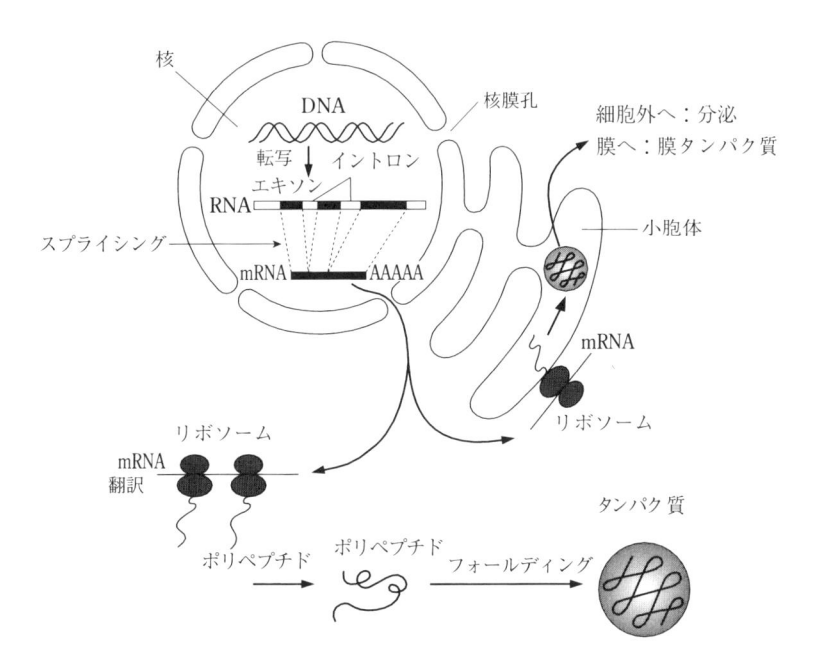

図4-2 細胞内でタンパク質が合成されるまで

## 1. 染色体と DNA

　生物の体を構成するすべてのタンパク質の情報は，DNAに蓄えられている。親から子へ，子から孫へと伝えられていく情報は，このタンパク質のアミノ酸配列を指定する情報だけである。DNAは真核細胞では，核の中の，染色体に巧妙に折りたたまれている。染色体は，DNAとタンパク質から成る構造体で，細胞分裂の際にはっきりした棒状の構造として顕微鏡で見ることができる。体を構成する通常の細胞（体細胞）では，同じ染色体を2本ずつ対としてもち，これは2倍体とよばれる。それぞれの染色体は父親と母親から受精によって，1本ずつ受け取ったものである。染色体の数は生物種によって決まっており，ヒトでは22対の常染色体と，1対の性染色体，合計23対の染色体をもっている。精子や卵子といった性細胞は，それぞれ半分ずつの染色体をもった半数体である。

　DNAは巧妙なパッケージングによって，染色体に組み込まれる（図4−3）。DNAの二重らせんは，ヒストンとよばれる一群の円板状のタンパク質複合体に巻きつき，このDNAとタンパク質の複合体はヌクレオソームとよばれる。ヌクレオソームは，さらにコイル状に折りたたまれたソレノイド構造をとって30nmのクロマチン繊維をつくる。これがさらに凝縮をして，最終的に何重にも折りたたまれた染色体をつくるのである。

## 2. DNA 複製

　DNAの複製に際しては，まず染色体がDNAの二重らせん状にまでほどけ，次にその一部（複製起点）が開裂して，その部分に相補的な短いRNA（RNAプライマー）がつくられる。このRNAプライマーから，もとのDNAを鋳型とした新しいDNAが両方向につくられていく（図

4-4)。アデニン（A）に対してはチミン（T）が，グアニン（G）に対してはシトシン（C）が対合して，相補的なDNAがつくられるのである。

このDNAを合成する酵素はDNAポリメラーゼとよばれる。DNAポリメラーゼは，常にDNAの5′→3′方向にしかDNAを合成できない。

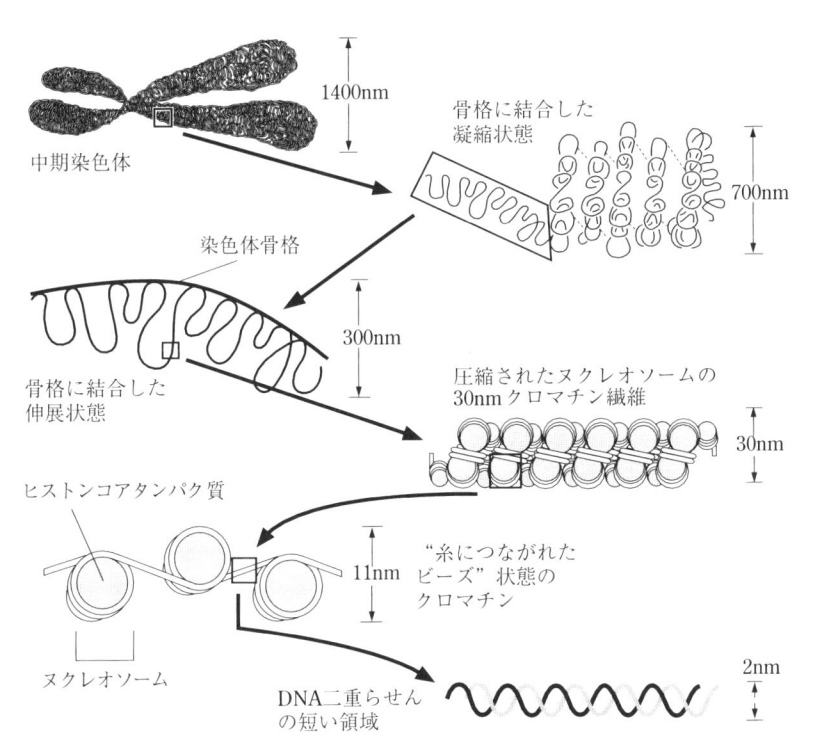

**図4-3 クロマチンの圧縮と中期染色体の染色体骨格のモデル**
間期の染色体では，伸展した骨格から30 nmのクロマチンのループが長くとび出している。中期染色体では，骨格はらせん状に折りたたまれ，さらに圧縮されて，高密度の構造となっているが，その詳しい立体構造はまだわかっていない。

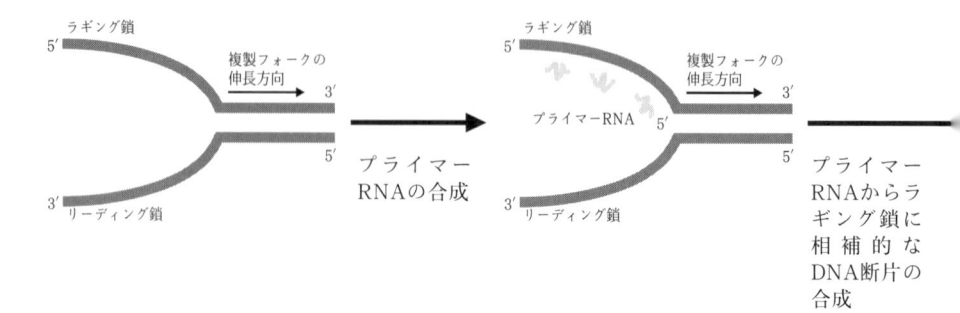

図4-4　DNAの不連続複製と岡崎フラグメント

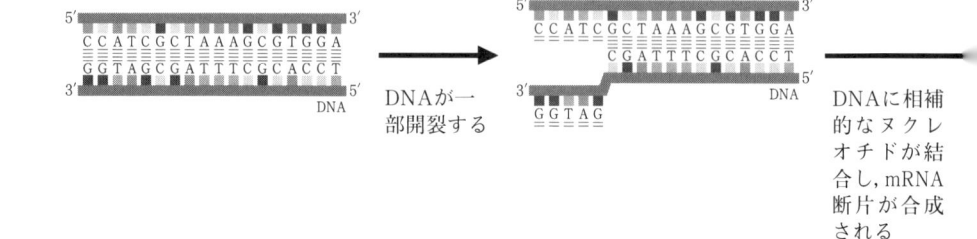

図4-5　転写（transcription）　DNAを鋳型にして，RNAを合成

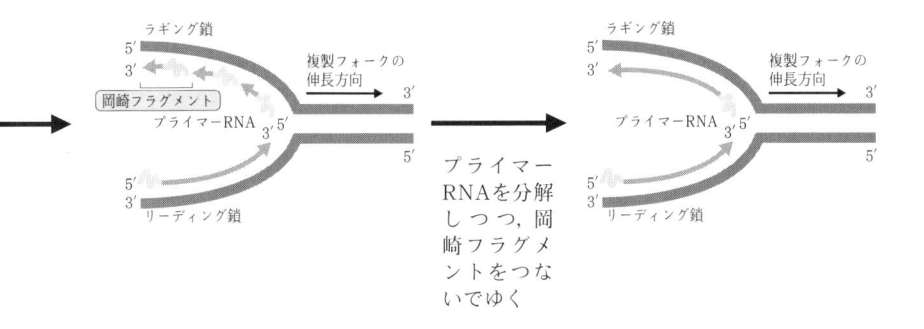

ラギング鎖
5′
3′
岡崎フラグメント
プライマーRNA
複製フォークの伸長方向
3′
3′ 5′
5′
3′
リーディング鎖
5′

→ プライマーRNAを分解しつつ，岡崎フラグメントをつないでゆく →

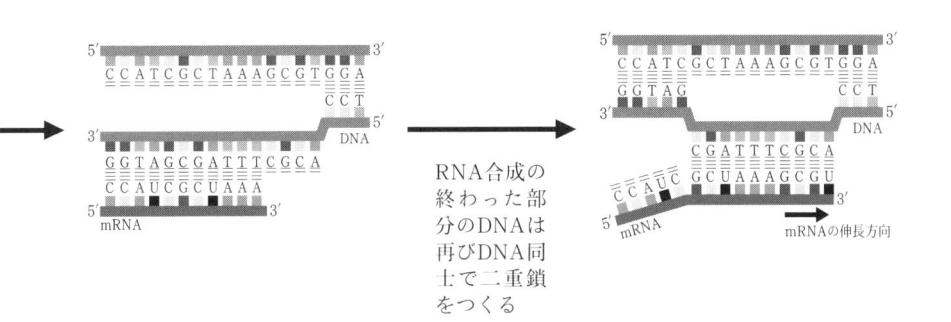

ラギング鎖
5′
3′
プライマーRNA
複製フォークの伸長方向
3′
3′ 5′
5′
3′
リーディング鎖
5′

---

5′　　　　　　　　　　　　　　　　　3′
C C A T C G C T A A A G C G T G G A
　　　　　　　　　　　　　　　　C C T
3′　　　　　　　　　　　　　　　　　5′
　　　　　　　　　　　　　　　　　DNA
G G T A G C G A T T T C G C A
C C A U C G C U A A A
mRNA　　　　　　　　　　　　3′

→ RNA合成の終わった部分のDNAは再びDNA同士で二重鎖をつくる →

5′　　　　　　　　　　　　　　　　　3′
C C A T C G C T A A A G C G T G G A
G G T A G
3′　　　　　　　　　　　C C T　　　5′
　　　　　　　　　　　　　　　　　DNA
　　　　　　　C G A T T T C G C A
5′ C C A U C G C U A A A G C G U 3′
mRNA　　　　　mRNAの伸長方向 →

複製は、複製起点から双方向に起こるが、ここで深刻な問題に直面する。一方のDNA鎖は$5'→3'$方向に複製されて問題はないが、もう一方のDNA鎖に相補的なDNAの複製は、このままでは$3'→5'$方向に起こらなければならない。この問題を解決するため、DNAポリメラーゼは、反対側の鎖を読むときには、短い断片として$5'→3'$方向に読み、その断片を順次つなぎ合わせていくことで、全体としては$3'→5'$方向のDNA合成を可能にしているのである。この断片は発見者の岡崎令治博士を記念して、岡崎フラグメントとよばれている。

このようにDNAはそれぞれの鎖が互いに逆方向に読まれ、相補鎖を合成することによって、それぞれの鎖に相補的な新しい鎖が同時に合成され、2本のDNA鎖を生じることになる。これは半保存的複製とよばれる。DNAの複製は、以上見てきたように、半保存的であるということ、複製起点をもつということ、そして双方向に複製されるという3つの特徴をもっている。複製が終了すると、先に見たように染色体の凝縮が起こって、間期の染色体を形成する。

## 3. 転写

DNAからRNAが合成される反応を転写(transcription)という。転写は、DNAの二重鎖のどちらか一方を鋳型とし、それに相補的なRNAをRNAポリメラーゼによって合成する。RNAの合成もDNA複製と同様、鋳型の5'方向へ、つくられるRNAからいえば$5'→3'$の向きに進行する(図4-5)。

真核生物の場合には3種のRNAポリメラーゼ(PolⅠ, PolⅡ, PolⅢ)が存在する。PolⅠはリボソームRNAの、PolⅡはmRNAの、そしてPolⅢは転移RNA(transfer RNA)や低分子RNAの合成にかかわる。タンパク質の製造工場はリボソームとよばれるが、リボソームは、

リボソームRNAとタンパク質から成る巨大な構造である。またmRNAの情報をもとに、ポリペプチド鎖のなかにアミノ酸を取り込むための仲介をするのが、転移RNAである（後述）。

転写の開始は、まずDNA上のある配列にGAGA因子などのタンパク質が結合し、ヌクレオソームをほぐすところからスタートする（図4-6）。大腸菌のRNAポリメラーゼは直接DNAに結合することができるが、真核生物の場合はDNA結合能をもたない。そこで基本転写因子とよばれる一群のタンパク質が、RNAポリメラーゼとDNAとの結合を仲介する。基本転写因子は、転写開始点の上流（5′側）のプロモーターとよばれる領域に結合する。PolⅡによるmRNA合成の場合、典型的な

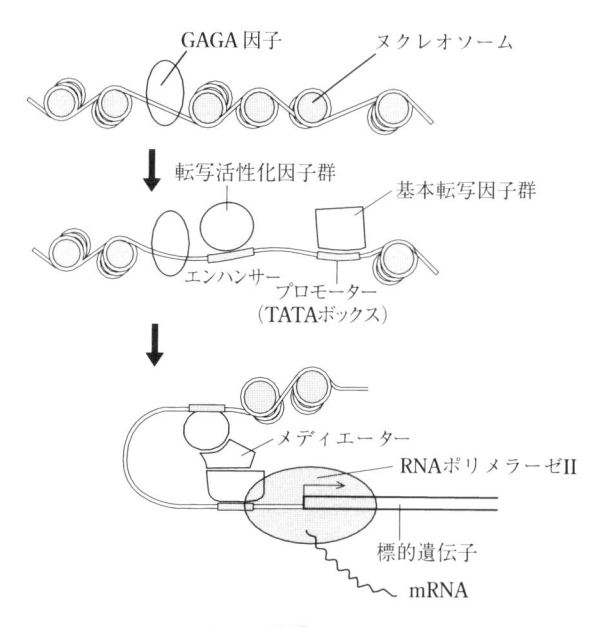

図4-6　mRNA転写の機構

プロモーターは，転写開始点上流約30塩基対（bp）に存在するTATAボックス（TATAAAなどの配列から成る）である。基本転写因子がまずTATAボックスに結合し，それにPol IIが結合することによって巨大な転写開始複合体が形成される。基本転写因子中の特定のタンパク質によって活性化されたRNAポリメラーゼが，鋳型DNAの塩基配列に相補的なRNAを合成する。鋳型DNA上の終結領域（ターミネーターとよばれる）まで達するとRNAポリメラーゼはDNAから解離し，転写は終結する。

　以上の基本転写に加えて，細胞は，さまざまの刺激に反応して特異的なタンパク質を合成したり，特定の組織で必要とされるタンパク質を特異的に合成したりする必要がある（例えばBリンパ球における免疫グロブリンなど）。このような遺伝子の発現を制御するDNA上のエレメントをエンハンサーとよぶ。逆に転写を抑制するように働くエレメントもあり，サイレンサーとよばれる。プロモーターは，その存在する位置が大切であったが，エンハンサーは位置には依存せず，エンハンサーが存在することによって，転写活性化能は数倍から100倍にも上昇する。

　このような特定の配列のうち，特定の刺激に応答して転写が制御される場合，その応答に関与するエンハンサーを特に応答配列（responsive element）とよび，それらは特定の塩基配列から成っている。例えば細胞に熱をかけたときに転写が誘導されるのに働く熱ショック応答配列など，さまざまの応答配列が知られている。

　このようなエンハンサーに結合するのが，転写制御因子である。転写制御因子には，通常DNAに結合する領域と，転写を活性化する領域がある（**図4-6**）。また，複数の転写制御因子が複合体をつくって転写を活性化する場合も多く，タンパク質とタンパク質の会合に必要な特有の構造をもつことが多い。

エンハンサーはプロモーターから相当離れた位置にあることが多く，数 kb 以上離れていたり，プロモーターより下流や遺伝子の内部にあることなどもある。基本転写因子と転写制御因子は 1 本の DNA 上の別々の位置に結合して，共同して転写を活性化（あるいは抑制）する。このことからこれらは相互作用することが考えられる。その相互作用のためには DNA が曲げられる必要があり，図 4-6 のようなモデルの正しいことが証明されている。DNA が曲げられることにより，基本転写因子と転写制御因子とが互いに相互作用できる位置にくるのである。また，これら両者を橋渡しする因子（メディエーター）が存在することもわかってきた。メディエーターには転写を活性化するコアクティベーターと，転写の抑制に働くコリプレッサーが存在する。これら DNA と，基本転写因子，転写制御因子，メディエーターおよび RNA ポリメラーゼは，極めて複雑な構造体をつくりながら，組織や各種刺激，また発生などの時間軸に沿った特異的な遺伝子発現制御を司っているものと考えられている。

## 4. RNA スプライシング

　真核生物においてタンパク質をコードする遺伝子のほとんどは，介在配列（イントロン）とよばれる mRNA 中には含まれない領域をもっている。DNA から mRNA 前駆体が転写されたあと，核の中でイントロンが切断除去されて，mRNA となったあと，サイトゾルへ輸送される。これを mRNA のスプライシングとよぶ。

　スプライシングはランダムに起こるのではなく，mRNA 前駆体中の特定の場所で行われる。スプライシングを指示する場所には，そのシグナルとなる塩基配列が存在する。一般的にはイントロンの 5′末端に GU（グアニン・ウラシル）が，3′末端に AG（アデニン・グアニン）が共通

配列として位置し，もう1か所，ブランチ配列部位という特異的な配列が存在する（図4-7）。

　スプライシングは，スプライソゾームとよばれる巨大なタンパク質複合体によって引き起こされる。スプライソゾームに含まれるタンパク質は何種類もあって，それらが順番に結合解離を繰り返してスプライシングを進めるが，おおまかには2つのステップから成る（図4-7）。まずスプライソゾームが5′端のGUを認識してその部分をエキソンから切断し，ブランチ配列に結合し直す。この結合によってイントロン部分はちょうど投げ縄のような構造をつくるが，これはラリアット（投げ縄）構造とよばれている。第2段階は，スプライソゾーム中の別の因子によって，3′側のイントロンが切断されるステップであり，ラリアット構造をもつイントロンは放出されて分解される。同時にエキソン1とエキソン2とが連結されて，mRNAができあがる。多くの遺伝子では，1つの遺伝子にイントロンがいくつも存在し，このようなプロセスを経て，ス

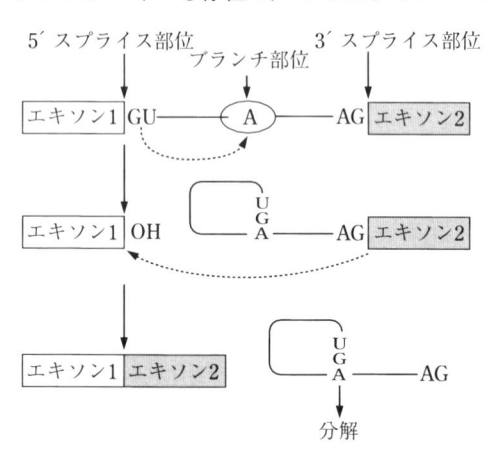

図4-7　スプライシングの機構

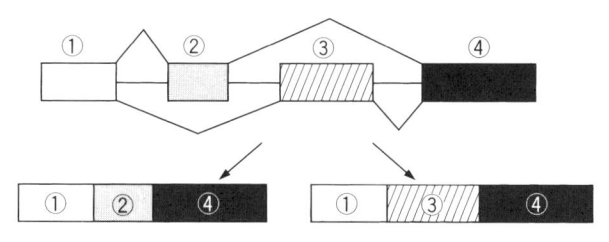

図4-8　選択的スプライシング

プライシングが完了したあとに1本のmRNAとしてサイトゾルへ輸送されるのである。

　場合によっては，すべてのエキソンが順番につなぎ合わされるのではなく，特定のエキソン同士が選択的につなぎ合わされる場合があり，これを選択的スプライシング（alternative splicing）とよぶ（**図4-8**）。選択的スプライシングによって，1つの遺伝子から一部違ったタンパク質ができあがる場合もあり，これは進化的に，一定数の遺伝子から，何種類もの異なったタンパク質をつくり出して，機能の多様性を獲得する，すなわち進化の戦略の1つであると考えられる。

## 5．RNAの核外輸送

　このようにしてスプライシングされたmRNAは核からサイトゾルへ輸送されるが，この核外輸送は核膜孔という穴を通って能動的に行われる（**図4-2**参照）。輸送は，第7章で学ぶようなインポーチン，エクスポーチンなどの特別の因子群から成るタンパク質を用いて，効率良く制御されている。核外へ輸送されるのは，タンパク質をコードするmRNAだけでなく，タンパク質の翻訳装置を形成するリボソームRNA，mRNAの情報をもとに20種類のアミノ酸をつかまえてポリペプチドへ取り込むための転移RNAなども，サイトゾルへ輸送されなければな

らない。核内で転写された RNA は，それぞれサイトゾルへ輸送されたのちに，そこで RNA からタンパク質への翻訳を行うことになる。

## 6．翻訳

mRNA に転写された DNA の塩基配列は，サイトゾルでポリペプチドの配列へと転換される。これを翻訳（translation）とよぶ。翻訳は 4 種類の塩基（AUGC）の配列を用いて 20 種類のアミノ酸の配列を指定する仕組みである。このためには，3 塩基の組み合わせがあれば十分であ

表 4-1　遺伝コード

| 1 文字目 (5′末端) ↓ | 2 文字目 | | | | 3 文字目 (3′末端) ↓ |
|---|---|---|---|---|---|
| | U | C | A | G | |
| U | Phe<br>Phe<br>Leu<br>Leu | Ser<br>Ser<br>Ser<br>Ser | Tyr<br>Tyr<br>終止<br>終止 | Cys<br>Cys<br>終止<br>Trp | U<br>C<br>A<br>G |
| C | Leu<br>Leu<br>Leu<br>Leu | Pro<br>Pro<br>Pro<br>Pro | His<br>His<br>Gln<br>Gln | Arg<br>Arg<br>Arg<br>Arg | U<br>C<br>A<br>G |
| A | Ile<br>Ile<br>Ile<br>Met | Thr<br>Thr<br>Thr<br>Thr | Asn<br>Asn<br>Lys<br>Lys | Ser<br>Ser<br>Arg<br>Arg | U<br>C<br>A<br>G |
| G | Val<br>Val<br>Val<br>Val | Ala<br>Ala<br>Ala<br>Ala | Asp<br>Asp<br>Glu<br>Glu | Gly<br>Gly<br>Gly<br>Gly | u<br>C<br>A<br>G |

る（2つの塩基の組み合わせでは，4×4＝16の情報にしかならず，20種類のアミノ酸を指定できない）。4種類の塩基を3つ組み合わせると4×4×4＝64となり，20種類のアミノ酸を指定するのに十分である。3塩基を単位にした情報の組をコドンとよぶ。どのコドンがどのアミノ酸に対応するかは，すべての生物で原則的に同じである。開始，終止コドンを含めた遺伝暗号表を表4-1にかかげた。コドンの数が過剰にあるので，複数のコドンに対応して，同じアミノ酸が指定されることになる。これを遺伝暗号の縮重とよぶ。

塩基配列からアミノ酸配列への転換には，転移RNA（tRNA）が働く。tRNAはmRNAのコドンと相補的なアンチコドンをもち，20種類のアミノ酸がそれぞれのtRNAに結合している（図4-9）。mRNAの

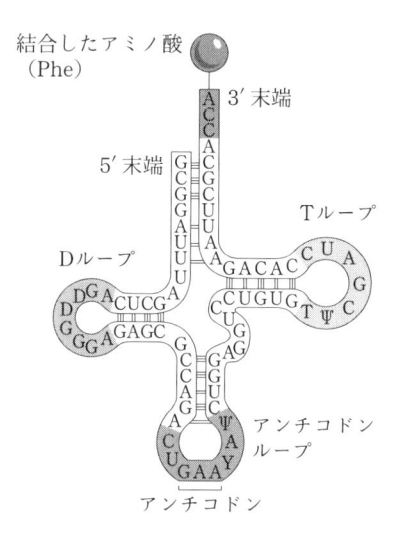

図4-9 **tRNAの構造**
tRNAにはコドンを認識する部分（アンチコドン）と特定のアミノ酸を結合する3′末端があり，mRNAの情報をアミノ酸配列へ転移（transfer）する働きをもつ。

情報に従って，リボソームで次々にアミノ酸が付加されることになるが，その一連の反応を次に説明する。

mRNA上の特定の配列を認識して，巨大なRNAとタンパク質の複合体から成るリボソームがmRNAに結合する。リボソームは真核細胞では60Sおよび40S（Sは沈降係数）という大小2つのサブユニットから成る（図4-10）。

開始コドンは通常メチオニンを指定するAUGである。ここから翻訳が開始するが，メチオニンのコドンは，遺伝子の内部にも存在するので，

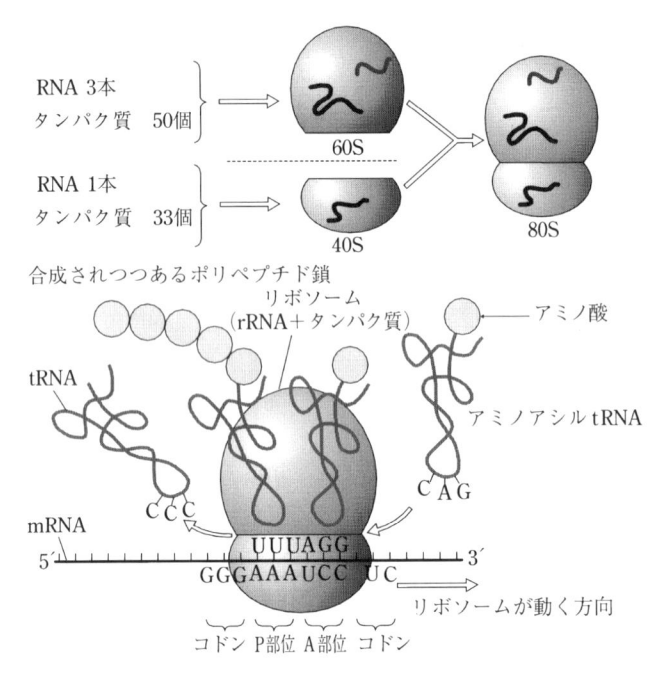

図4-10　リボソームの構造と翻訳に関与する3種類のRNA
（「分子細胞学」（上）p.102より改変）

開始を指定するためには他の因子がそれを教える必要がある。これは真核細胞の場合，十数種類もの開始因子（eukaryotic initiation factor, eIF）が順序よく働くことによって行われる。リボソームにくわえ込まれた mRNA の AUG コドンには，メチオニル tRNA のアンチコドンが結合する。この tRNA がリボソーム中の P 部位（peptidyl site）に位置することによって，翻訳は開始されるが，次に P 部位の横にある A 部位（aminoacyl site）に次の tRNA がやって来ることによって，ペプチド鎖の伸長反応が起こる。この tRNA は先程のメチオニンを指定するコドンの次の 3 つの塩基配列をコドンとして認識し，それに相補的な配列をもつアンチコドンを有する tRNA が来るのである。こうして横に並んだ tRNA に結合している 2 つのアミノ酸が，60S リボソーム内に存在するペプチジルトランスフェラーゼ活性によって連結される（ペプチド結合）。こうして最初のペプチドができるのである。

　ペプチド結合ができると，最初のメチオニル tRNA は P 部位から放出され，A 部位にあった tRNA が P 部位に移動する。こうして空になった A 部位に，mRNA の次のコドンに対応する tRNA が来ることによって，ペプチド伸長反応は続いていく。この伸長反応にも，伸長因子とよばれる多数の因子が関与し，次々と正確に結合解離，加水分解などを繰り返すことによって反応は続いていく。

　リボソームの A 部位に mRNA の終止コドンが来ると，反応は終結する。この終結には終結因子とよばれる一群のタンパク質が関与するが，終結因子が A 部位に結合すると，P 部位にあるペプチジル tRNA のポリペプチドと tRNA との間の結合が切られて，ポリペプチドはリボソームから遊離する。翻訳の終結である。

　こうして mRNA 上の塩基配列が，ポリペプチド上のアミノ酸配列に正確に転換されることになった。遺伝情報をもとに，細胞内で機能する

タンパク質が合成されたのである。正確には，このように合成されたものはポリペプチドであり，これはまだ単なるヒモである。それがタンパク質として機能するためには正しく折りたたまれて，三次元的な構造をもたなければならない。これは次章で学習する。

● 参考文献
1) 上代淑人・村松正實編「分子・細胞の生物学Ⅰ」（岩波講座・現代医学の基礎1）岩波書店（2000）．
2) 永田和宏他編「細胞生物学」東京化学同人（2006）．
3) B. Alberts 他著，中村桂子他監訳「細胞の分子生物学」第3版，教育社（1996）．
4) H. Lodish 他著，野田春彦他訳「分子細胞生物学」第4版，東京化学同人（2001）．
5) 柳田充弘他編「分子生物学」東京化学同人（1999）．

〈練習問題〉
1. DNA複製も，RNAへの転写も，いずれも厳密な塩基対形成を基盤として進行する反応である。両者の塩基対形成で異なる塩基対形成が1つだけある。それは何か，答えよ。
2. 真核細胞のRNAポリメラーゼは3種類存在する。それぞれのRNAポリメラーゼによってどのようなRNAが合成されるか解答せよ。
3. 転写において重要なプロモーターとエンハンサーの役割の違いを述べよ。
4. 遺伝コードは，なぜ3つずつの塩基によって規定されることになったのか，理由を述べよ。

# 5 タンパク質の構造・機能と品質管理

永田　和宏

　前章では，DNA 上の塩基配列から，どのようにして情報が読み取られ，それがどのようにポリペプチド上のアミノ酸配列へと変換されるかを学んだ．タンパク質が機能を獲得するためには，これだけではまだ不十分であり，1本の鎖としてのポリペプチドが三次元的な構造をつくらないと機能をもつことはできない．これはタンパク質のフォールディング（折りたたみ）とよばれる過程である．さらにそのタンパク質が機能する正しい場に運ばれることも必須のプロセスである．タンパク質はこのように正しく合成され，正しい構造をとり，そしてそれが機能すべき正しい場に輸送される，この3つの過程が必須である．

　最近，タンパク質が正しい構造をとっているかどうかをチェックする品質管理の機構までが，細胞には備わっていることが明らかになってきた．細胞は，正しい構造をもったタンパク質だけを機能する場に送り出し，正しい構造をもっていないものは，再生ないし分解してしまうのである．このような厳密な品質管理機構によって細胞はホメオスタシスを保っており，この機構に破綻が生じると，種々のフォールディング異常病とよばれる疾患が生じることもわかってきた．

　本章では，タンパク質のフォールディングを中心に，タンパク質が生まれてから，成長し，そして分解されるまで，タンパク質の一生について学ぶ．また，それらの種々の過程に重要な役割を果たす分子シャペロンの機能についても勉強をする．

## 1. タンパク質の構造

タンパク質の構造には4つの階層がある（図5-1）。1本のポリペプチドのままの状態を一次構造という。これが少し折りたたまれて，ヘリックス構造をもったり，βシートとよばれる帯状の構造をとったりした段階を二次構造とよぶ。二次構造の代表的なものは，αヘリックス，βシート，βターンである。さらにそれらの基本構造が折りたたまれて，複雑な立体構造をとった状態を三次構造といい，1つのサブユニットで働くタンパク質の場合には，これで活性をもったタンパク質として機能する。いくつかのサブユニットが集まって（会合して）機能をもつようなタンパク質も多く知られているが，これらサブユニットが会合した状態を四次構造とよぶ。

アミノ酸は，性質の違いによっていくつかに分類することができるが，大きく分けて親水性アミノ酸と疎水性アミノ酸に分けることができる。親水性とは水になじみやすいこと，つまり水分子と隣り合って安定

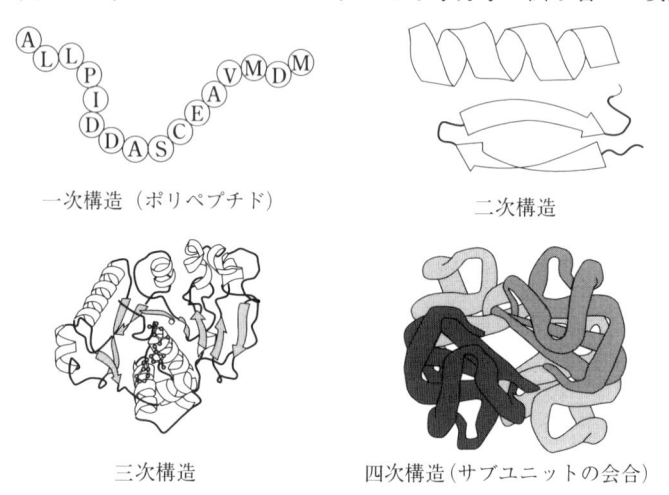

図5-1　タンパク質の4つの階層構造

に存在できるものであり，簡単に言えば，水に溶けやすいアミノ酸である。疎水性アミノ酸は水に溶けにくく，できるだけ水分子から遠ざかろうとする性質をもっている。疎水性のアミノ酸は，水になじみにくい性質のため，疎水性アミノ酸同士が互いに集まることによって，水分子から遠ざかろうとする。これを疎水性相互作用という。サイトゾルの可溶性タンパク質の場合，分子の外側に親水性のアミノ酸を，分子の内側に疎水性のアミノ酸を折りたたむことによって，安定な三次構造をつくっている。

　アンフィンゼン（C. B. Anfinsen）は，分子は最もエネルギー準位の低い安定な状態に自動的に折りたたまれ，最終的な分子の構造は，アミノ酸配列の一次構造によって決まってくるということを実験的に示した（図5-2）。彼は，活性をもったリボヌクレアーゼ A をメルカプトエタノールという還元剤と尿素で変性させ，いったん立体構造を壊した上で，透析によって徐々にこれら変性剤を除いていった。そうすると，変

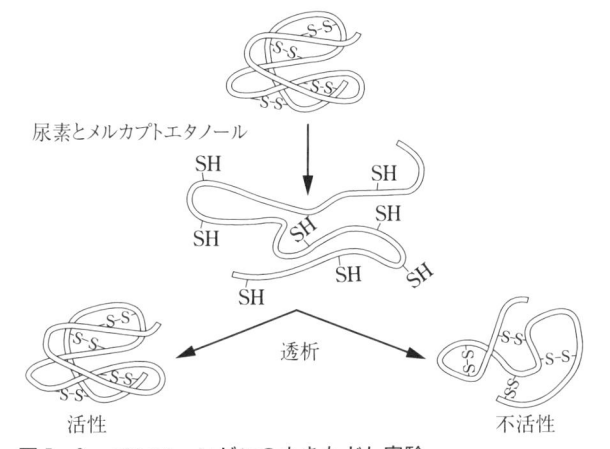

図5-2　アンフィンゼンのまきもどし実験

性して失活していたリボヌクレアーゼは再びもとと区別のつかない正しい立体構造を回復し，活性をもった酵素を得ることに成功したのである。

　アンフィンゼンのドグマ，すなわち一次構造が三次構造を規定するというこの原理は現在でも基本的に正しいが，細胞内のようにタンパク質が密集しているような状態においては，一次構造に従って正しい立体構造をつくることができず，合成途上でフォールディングに不都合の起こることが多い。

　新生ポリペプチドでは，疎水性のアミノ酸も分子の外側に露出しており，これは水になじまないために不安定である。疎水性相互作用によって，疎水性アミノ酸同士が結合しようとするので，自分のポリペプチド内の別の疎水性アミノ酸と結合したり，別のポリペプチド鎖の疎水性アミノ酸と結合することがある。そうなると，せっかく合成したタンパク質がミスフォールドしてしまったり，凝集したりして，正しい構造をも

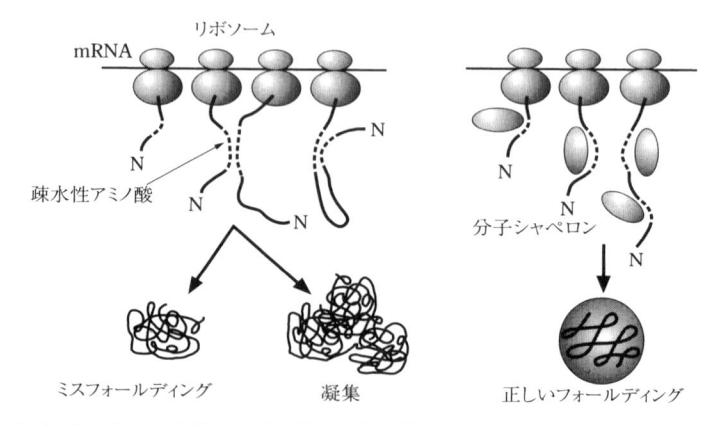

図5-3　タンパク質の合成と疎水性相互作用によるミスフォールディング

ち，活性のあるタンパク質がつくられないことになる（図 5-3）。

このような細胞内の正しいフォールディングを助けるために，分子シャペロンとよばれる一群のタンパク質が活躍する。分子シャペロンは一般に，疎水性のアミノ酸のクラスターに結合し，その凝集を抑える働きがある。疎水性の残基が露出している間は，それを保護し，他の疎水基との相互作用が起こらないようにしながら，正しいフォールディングが起こるまで結合していて，最終的には正しくフォールディングしたタンパク質から遊離する。

## 2. 分子シャペロンの機能

分子シャペロンによってどのようにタンパク質のフォールディングが行われるか，大腸菌の分子シャペロンについて，代表的な 2 つの例を見ることにしよう。分子シャペロン自身の名前は種によって異なるが，働きは真核細胞においても同様である。

リボソームでつくられて，出てきたばかりのポリペプチドに最初に結

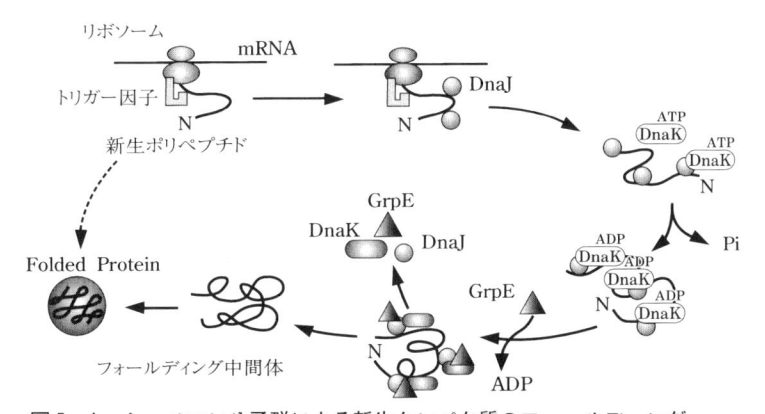

図 5-4　シャペロン分子群による新生タンパク質のフォールディング

合するのは,トリガー因子とよばれるシャペロンである(図5-4)。次にある程度鎖が伸びてくると,DnaJという別のシャペロンが結合し,さらにDnaKおよびGrpEというシャペロンが3種類セットになってポリペプチドに順に作用する。DnaKにはATPが結合しているが,このATPが加水分解されてADPになると,DnaKの基質に対する親和性が上昇し,このときフォールディングが進行する。GrpEはDnaKからADPを放出させ,このことを引き金にして複合体は解離する。この際に,さらにフォールディングが進行する。このように,複数の分子シャペロンが順々に結合解離を繰り返して,1つのタンパク質が正しくフォールディングされるのである。大腸菌の中で,この経路によって折りたたまれるタンパク質は,全タンパク質の約20%程度であるという試算がある。

　もう1つの顕著な例は,GroEシステムとよばれるフォールディング機械によるフォールディングである。GroELは7つのサブユニットがリングを形成し,それが2段に積み重なった構造をしている。ちょうどドーナツが2つ積み重なったような形を想像すればよい。2つのリングの中央には空洞があるが,それは別のGroESというこれも7量体から成る傘によって蓋をすることができる。フォールディングしていないポリペプチドは,このGroELの空洞の中に入ることによって,他の合成途上のポリペプチドから遮断され,いわば揺りかごの中で,自身の一次構造に従ってフォールディングされるのである。このときにもやはりGroELに結合したATPの加水分解によるエネルギーが,基質のフォールディングを促進するために使われている。大腸菌では約10～15%のタンパク質がGroEシステムを介したフォールディングを受けることが知られている。

　大腸菌からこれら分子シャペロンを欠損させてやると,多くのタンパ

ク質は正しくフォールディングされず、凝集体をつくってしまう。このことからも、新生ポリペプチドのフォールディングにおける分子シャペロンの役割の重要性は明らかだが、一方で分子シャペロンは変性したタンパク質の再生にも寄与している。

## 3. タンパク質の変性と再生

　先に述べたように、成熟タンパク質は分子表面に親水性アミノ酸を露出することによって可溶性を保っているが、これに熱などのストレスが加わると、熱エネルギーによって分子構造に改変が起こり、せっかく分子内部に折りたたんでいた疎水基が露出してくる。この疎水性残基は水になじみにくいので、近くにある疎水基と疎水性相互作用をし、その結果、変性中間体は凝集体をつくってしまう。生卵に熱をかけるとゆで卵となって固まってしまうのは、卵のタンパク質が凝集したからである（図5-5）。

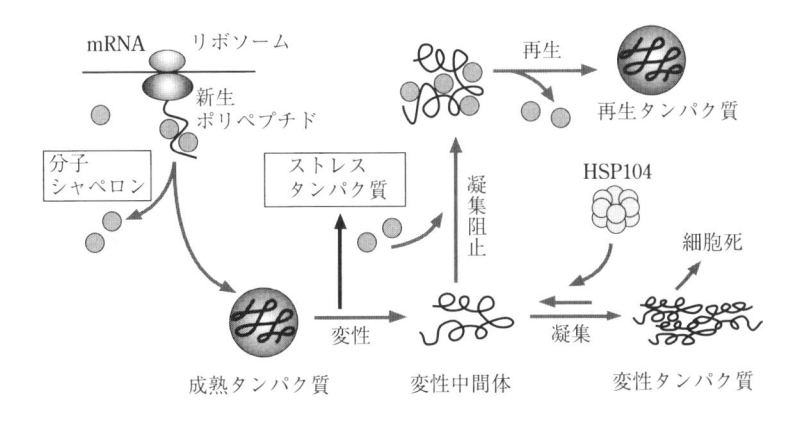

図5-5　タンパク質の変性と再生

細胞の中でタンパク質の凝集体ができると細胞は死んでしまう。細胞は，このようなストレスによるタンパク質の凝集を防止するための応答機構をもっている。それがストレス応答である。細胞内に変性したタンパク質ができると，細胞はそれを感知して，一群のタンパク質を急激につくりはじめる。このタンパク質をストレスタンパク質とよぶ。ストレスタンパク質の多くのものは，分子シャペロンとしての性質をもっている。分子の疎水性部分に選択的に結合し，その凝集を抑えるのである。凝集を抑えつつ，ATPの結合や，その加水分解を通じて，分子のフォールディングを促進する。すなわち変性タンパク質の再生を促す働きをするのがストレスタンパク質である（図5-5）。

　変性中間体は，分子の構造（conformation）としては，合成途上のポリペプチドと同じであるといえる。疎水性残基が分子表面に露出しているからであり，いずれも水溶液中では極めて不安定である。分子シャペロンと同じ働きで，この疎水性残基をマスクすることにより，凝集を防ぐのである。ストレスタンパク質が細胞内のタンパク質が変性することによって誘導されることは，細胞の防御機構という観点からは，合目的的である。

　分子シャペロン/ストレスタンパク質は，変性中間体に作用して凝集を抑えるだけでなく，いったん凝集したタンパク質をもう一度可溶化するものがあることがわかってきた。酵母ではHSP104，大腸菌ではClpファミリーとよばれる分子シャペロンである。GroELと同様のリング構造をもっているが，HSP104は6量体のリングが二重にドーナツのように重なったものである。先に述べたように，変性・凝集が，生卵がゆで卵になる過程とすれば，HSP104はゆで卵を生卵に戻す方向に働くものである。

## 4. タンパク質の翻訳後修飾

ポリペプチドは合成されてから，フォールディングを受けるほかに，種々の翻訳後修飾を受けることがわかっている。代表的な例として，糖鎖付加とシグナルペプチドおよびプロペプチドのプロセシングを見てみよう。

分泌タンパク質や膜タンパク質は，小胞体で合成される。次章で学ぶように，これらは翻訳と共役しながら小胞体に挿入されるが，これらのポリペプチド鎖には糖鎖が付加される。アスパラギン残基に糖鎖がつく場合をN結合型糖鎖，セリンやトレオニンの水酸基を介してつく場合をO結合型糖鎖とよぶ。N結合型糖鎖付加の一連の反応を見てみよう（図5-6）。

糖鎖構造は小胞体の膜でつくられる。まず膜に存在するドリコールとよばれる脂質分子に，サイトゾル側でオリゴ糖がリン酸基を介して結合する。Nアセチルグルコサミンが2分子，マンノースが5分子，順々に

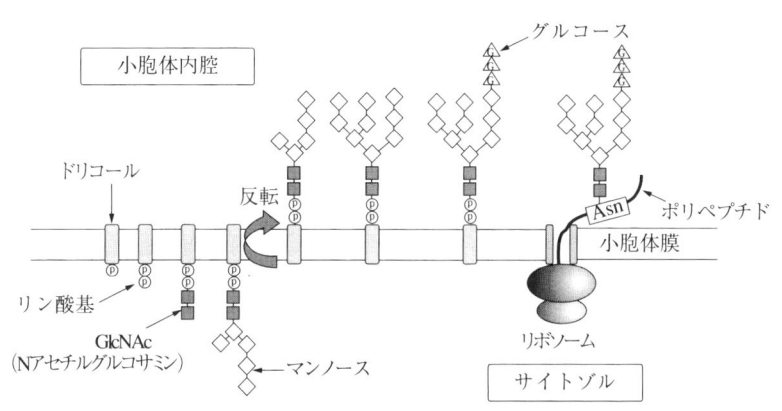

図5-6 小胞体における糖鎖付加

付加されて，その後これらのオリゴ糖はドリコールごと膜を反転移動（フリップフロップ）し，小胞体内腔側に糖鎖を露出させる。この糖鎖にさらにマンノースが4分子，グルコースが3分子付加され，この構造でポリペプチド上のアスパラギン残基に糖鎖が受け渡され，糖タンパク質となる。小胞体およびゴルジ体において，糖鎖はさらにトリミングを受け，各種糖鎖の再付加という過程を経て，複雑で多様なN結合型オリゴ糖が形成される。

小胞体においてはこのような糖鎖の付加やそのトリミング（プロセシング）だけでなく，ペプチド鎖そのもののプロセシングも一般的に見られる。血中における糖代謝の制御に重要な役割をもっているインスリンの分泌過程を例として，ペプチド鎖のプロセシングを見ることにしよう（図5-7）。

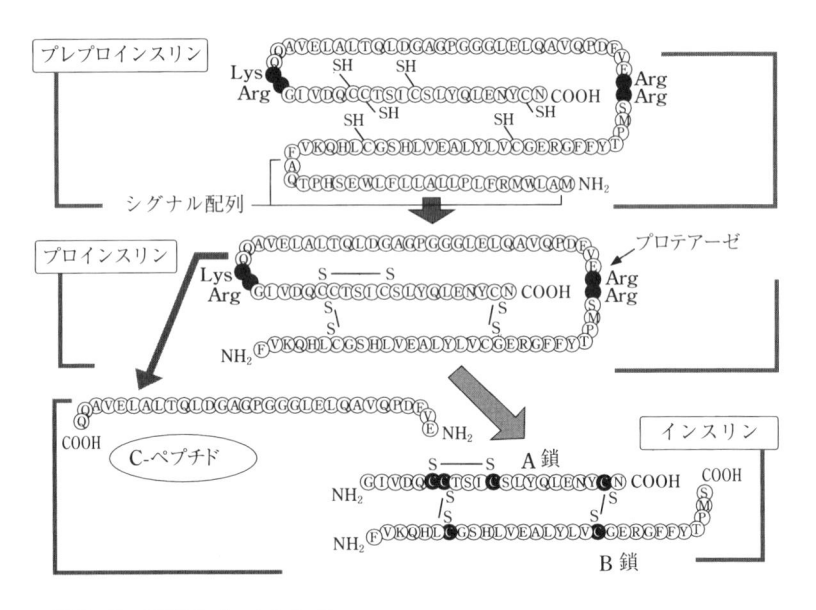

図5-7　翻訳後プロセシング

インスリンは，分泌タンパク質であるので，小胞体で合成されるが，まず小胞体へターゲットされるためのシグナル配列（シグナルペプチド）をもったプレプロインスリンとして合成される（第7章参照）。シグナルペプチドは，ポリペプチドが小胞体へターゲットされれば用がなくなるので，小胞体内腔に存在するシグナルペプチダーゼによって切断除去され，残ったものはプロインスリンとよばれる。プロインスリンは，小胞体において，システイン残基間に3本のジスルフィド結合を形成する。さらにゴルジ体へ輸送された後，ゴルジ体に存在するプロテアーゼによって2か所の切断を受け，インスリンとなる。切断はされるが，そのうちA鎖とB鎖はジスルフィド結合によって架橋されているので，A鎖とB鎖が架橋された分子としてインスリンは血中で機能を発揮することになる。このとき切り取られたポリペプチドをC-ペプチドとよぶが，C-ペプチドも分泌された後，血中で分解される。

　シグナルペプチドが切断される過程まではどの分泌タンパク質についても同じであるが，それ以後のプロセシングについては，されるもの，されないものといろいろである。コラーゲン分子のように，細胞外に分泌されてからN末端とC末端のプロペプチドが切断されるものもある。

## 5. タンパク質の品質管理機構

　分子シャペロンや種々の修飾酵素などの監視を受けて，正しく構造形成がなされているにもかかわらず，多くのタンパク質は正しい構造を取れない場合がある。それには3つの場合が考えられる。

　1）確率論的に構造形成に異常が生じる場合。例えば複数回膜を貫通する膜タンパク質の場合，つくられたものの大部分が異常な構造を取っているものが多く知られている。4分の1しか正しいタンパク質として細胞表面に出ていないもの，わずか2％しか最終的な正しい構造をとれ

ないタンパク質まで知られている．タンパク質の種類によって，フォールディングに失敗する確率は違っているらしい．

2) 細胞に熱ショックなどのストレスがかかってタンパク質が変性する場合．熱ショックだけでなく，糖鎖付加の阻害が起こったり，ATPが枯渇することによる変性なども知られている．変性を引き起こす細胞ストレスはさまざまである．虚血による酸素不足や，アルコールの摂取なども細胞に対するストレスになる．

3) 遺伝子そのものに変異が起こり，フォールディングを助けるシャペロンがいくら活躍しても，正しい構造を取りえない場合がある．典型的な例が，種々の突然変異による遺伝病である．DNA上の1塩基の異常によってもフォールディングに異常を生じて，凝集をつくったり，極めて分解されやすいタンパク質がつくられる例が多く知られている．

このような異常なタンパク質がつくられてしまった場合，細胞はそれ

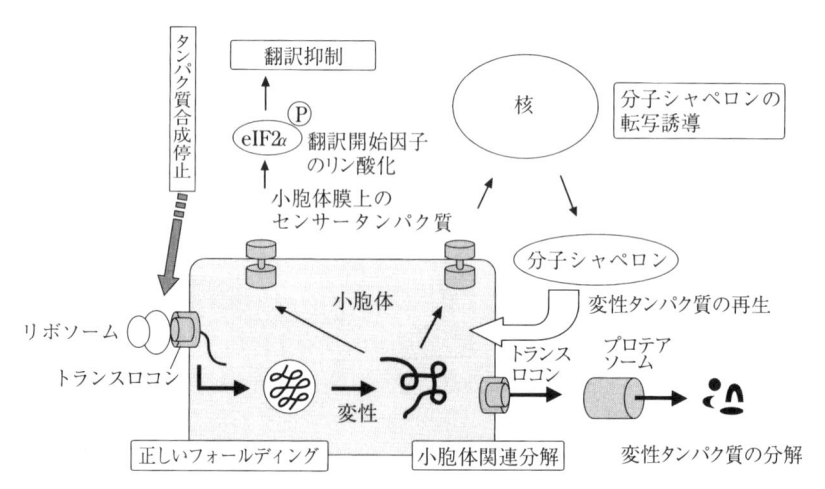

図 5-8　小胞体における新生タンパク質の品質管理戦略

を放っておくことはできない。細胞死につながるからである。細胞にはつくられたタンパク質が正しい構造をもっているかどうかをチェックして，異常なタンパク質が蓄積したときにそれに対処する，いわゆる品質管理の機構を備えていることがわかってきた。

　細胞はさまざまの手段を使って，品質管理を行い，細胞の死や，個体の病気に対処しようとしている。その代表的な例を小胞体においてつくられるタンパク質を例にとって説明する。小胞体における品質管理戦略は，次の4つに大別することができる（図5-8）。

　1）　異常タンパク質の合成停止。つくってもつくっても異常なタンパク質が生じるような場合，小胞体膜上にあるセンサータンパク質が作動して，タンパク質の翻訳の停止を行う。これには翻訳開始因子のリン酸化が関与し，多くのタンパク質の翻訳が全面的にストップする。どれか1種類のタンパク質が異常になるような条件下では，すべてのタンパク質の翻訳をストップすることによって，異常タンパク質の蓄積を抑えようとする戦略である。工場の品質管理にたとえれば，つくっても不良品が生じるのであればいったん生産ラインをストップして検査するということであろうか。

　2）　変性タンパク質の再生。種々のストレスによって小胞体内に変性タンパク質が蓄積すると，小胞体膜上に局在するセンサータンパク質がその蓄積をキャッチして，核へ情報を送り，小胞体分子シャペロンの急激な合成を促す。このことによって，小胞体分子シャペロンの量を増やし，変性したタンパク質をもう一度正しい構造へ導く。直せるものは直してしまおうとする戦略である。

　3）　変性タンパク質の分解。それでも異常タンパク質が蓄積してしまったら，あとは分解してしまうしかないだろう。小胞体関連分解という機構のあることが明らかになり，変性タンパク質はいったんサイトゾル

へ逆輸送し，サイトゾル中でプロテアソームという巨大なタンパク質分解装置の中で分解をする。工場の製品管理でいえば，不良品の廃棄にあたる。

　小胞体関連分解については，最近研究の大きな進歩があった。まず変性タンパク質は，翻訳されて小胞体に挿入されたのと同じチャネル（トランスロコンとよぶ）を通って，サイトゾル側へ逆輸送される。サイトゾルでは，分解されるべきタンパク質にはユビキチンという小分子が共有結合によって付加され，いくつもユビキチンがつくことによってポリユビキチン鎖が形成される。これが分解の目印になり，ポリユビキチン鎖をもったタンパク質は，プロテアソームという巨大なタンパク質複合体へ運ばれて分解される。せっかくつくったタンパク質をむやみに分解してしまったのでは細胞は生きていけない。分解すべきタンパク質には厳密な目印をつけて，それだけを注意深く排除する仕組みである。

　プロテアソームは図5-9に示すような構造をしている。中央に2つ

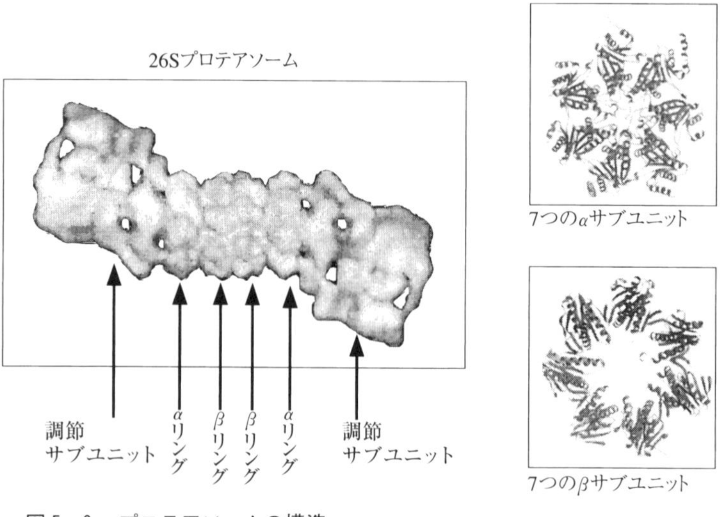

図5-9　プロテアソームの構造

のβリングと2つのαリングが重なり，α，βそれぞれのリングは，どちらも違ったサブユニットから成る7量体である。さらに両端には調節サブユニットという何種類ものタンパク質から成るユニットが結合し，全体として26Sという大きな沈降係数をもった巨大な複合体をつくっている。図からも明らかなように，中央のリングには穴があいており，ここをポリペプチドが通過するときに，中のプロテアーゼ活性をもったサブユニットによるペプチドの切断が起こり，変性タンパク質はばらばらに分解されるのである。

4) このような一連の品質管理機構によっても，なお処理しきれない場合，細胞は非常手段として，自ら死を選ぶことによって，それ以上被害を拡大させない戦略に出る。これは第15章で勉強するアポトーシスという細胞の自殺機構である。

## 6. フォールディング異常病

タンパク質は遺伝情報に従って正しく合成されることがまず最初のステップであるが，正しい一次構造が翻訳されただけでは，機能をもったタンパク質になることはできない。それが正しくフォールディングされる必要がある。このフォールディングには種々の分子シャペロンがかかわっている。細胞はさらに，正しい構造をもたないタンパク質ができたとき，それを監視して，変性タンパク質の蓄積による凝集体が細胞死を導くことのないように，いわゆる品質管理機構を備えている。

このような正しいフォールディングがうまくいかなかったり，あるいは品質管理機構に破綻をきたしたり，遺伝子に異常が起こって，これらどの手段によっても収拾がつかなくなるような場合，いわゆるフォールディング異常病と総称される種々の疾患が起こることになる。

アルツハイマー病やハンチントン舞踏病などの神経変性疾患は，神経

細胞の中に，あるいはその外側にタンパク質凝集体やアミロイド繊維が蓄積することによって引き起こされる疾患である。また，BSE（狂牛病）などの名前で大きな社会問題になったプリオン病は，いったん異常なプリオンという特殊なタンパク質を取り込んでしまうことによって，私たちの体の中にある正常なプリオンタンパク質が，どんどん異常型のプリオンに変換していくことによって生じる病気である。

これから研究が進むに従って，さらに多様なフォールディング異常病が報告されるようになることは間違いない。この意味からも，タンパク質の品質管理機構は私たちの生存にとって極めて大きな意味をもった生体防御機構であるということができる。

● 参考文献
1) 永田和宏・森正敬・吉田賢右編著「分子シャペロンによる細胞機能制御」シュプリンガー・フェアラーク東京 (2001).
2) C. Branden & J. Tooze 著, 勝部幸輝他訳「タンパク質の構造入門」教育社 (1992).
3) B. Alberts 他著, 中村桂子他監訳 「細胞の分子生物学」第3版, 教育社 (1996).
4) 柳田充弘他編「分子生物学」東京化学同人 (1999).
5) 永田和宏他編「細胞生物学」東京化学同人 (2006).
6) 石浦章一編著「神経難病の分子機構」シュプリンガー・フェアラーク東京 (2000).

〈練習問題〉

1. タンパク質の翻訳後修飾について知っているものを4つ挙げよ。
2. アンフィンゼンのドグマと言われるものは，何を意味するか端的に答えよ。
3. 分子シャペロンは合成途上の新生ポリペプチドにも作用するし，一方で変性中間体にも作用する。なぜ，それら異なったコンホメーションを同じように認識するのか，基質側の構造的側面から答えよ。
4. プロテアソームで分解されるべき基質にはユビキチンというタンパク質が複数個結合（ポリユビキチン化）することが必要である。なぜ，このようなシステムが発達したか，考えられるところを記せ。

# 6

## 膜の構造と膜透過

森　正敬

細胞は細胞膜（cell membrane, plasma membrane）で囲まれた自己複製システムである。細胞膜は単に細胞の内部と外部を隔てる障壁として働くだけではない。細胞が生き続けるためには，膜を通して栄養物を取り込んだり老廃物を排出しなければならない。また細胞膜を通して他の細胞と情報の交換を行っている。さらにまた，細胞膜は静的なものではなく，分裂したり融合したり，また細胞の成長や分化に伴い形を変える。

最も構造の簡単な細菌は細胞膜1枚だけしかもっていない。一方，真核細胞は，細胞膜のほかに細胞内部に膜系をもっており，核，小胞体，ゴルジ体，ミトコンドリアなどの細胞小器官を包んでいる。

### 1. 脂質二重層

細胞膜の基本構造はリン脂質から成る脂質二重層であり，これが細胞膜の一般的な性質を決めている。細胞膜で最も多く存在するリン脂質はホスファチジルコリン（レシチン）で，そのほかにホスファチジルセリン，ホスファチジルエタノールアミンがある（第3章参照）。リン脂質のほかに，やはり両親媒性の分子である糖脂質や，動物の場合にはコレステロールが加わり，脂質二重層を形成している。

膜を構成する脂質分子は二重層内を横方向に移動できる。これを膜の流動性といい，主としてリン脂質の組成，とくに炭化水素尾部の性質によって決まる。尾部が密に，また整然と配列しているほど二重層の粘性

は高くなり，流動性は低下する。流動性に影響を及ぼすものに，リン脂質分子の二重結合の数，つまり不飽和度がある。不飽和度が大きいほど流動性は増す。動物細胞ではコレステロールによっても調節され，コレステロールが多いほど膜は硬くなり流動性が低下する。

細胞膜の構造は非対称で，外側と内側で脂質の組成が異なる。ホスファチジルコリンは外側に多く，ホスファチジルセリン，ホスファチジルエタノールアミンは内側に多い。糖脂質は外側に存在する。

脂質二重層は内側が疎水性なので，親水性分子やイオンをほとんど通さない。一方，酸素分子（$O_2$）や二酸化炭素（$CO_2$）など小型の疎水性分子はよく通す。しかし細胞膜はイオン，糖，アミノ酸，ヌクレオチドなど多くの代謝物質を透過させなければならない。これらの分子を効率よく輸送するために輸送タンパク質が必要である。

## 2. 膜タンパク質

細胞膜の透過障壁としての役割は脂質二重層が果たしているが，膜の機能の多くは膜タンパク質が担っている。動物では，細胞膜の重量のほぼ1/2がタンパク質である。タンパク質は脂質二重層の中にモザイク状に存在する（流動モザイクモデル；図6-1）。

膜タンパク質は代謝物質やイオンを輸送するだけでなく，細胞外からのシグナルを感知して細胞内に伝える受容体タンパク質や，細胞膜内外で特定の反応を触媒する膜酵素などがある。また膜の内外で巨大分子をつなぎとめる働きをするタンパク質もある（図6-2）。

タンパク質が細胞の脂質二重層に結合するには，主に次の2つの方法が用いられる（図6-3）。1つは，膜を1回またはそれ以上貫通する場合で，膜貫通型タンパク質とよばれる。膜貫通部分は疎水性アミノ酸が連なって，$\alpha$ヘリックス構造をとることが多い。糖やアミノ酸などの輸送

に働く輸送体（トランスポーター）や，イオンの輸送に働くチャネルタンパク質は，膜を複数回貫通しており，貫通部分が環状に集まってタンパク質に囲まれた通路がつくられる。もう1つはタンパク質に脂質が共有結合し，これを介して膜に結合する。そのほかに，他の膜タンパク質と相互作用することにより，間接的に膜に結合している表在性タンパク質もある。

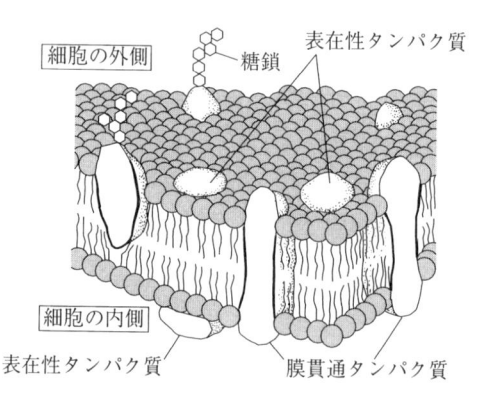

図6-1　細胞膜の模式（流動モザイクモデル）（石川春律，藤原敬己編「細胞生物学」放送大学教材，1998より引用）(p. 17)

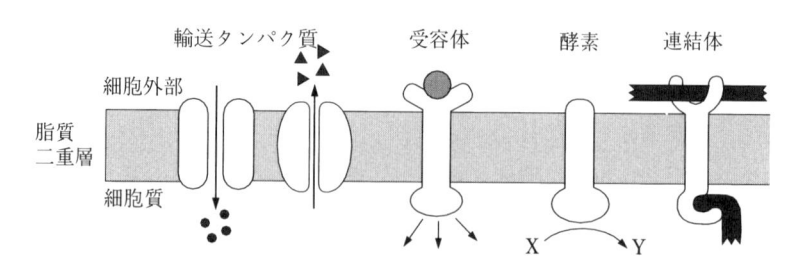

図6-2　細胞膜にあるタンパク質の働きの模式図

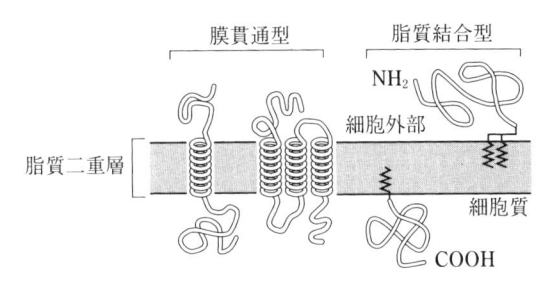

**図6-3 膜タンパク質の脂質二重層への結合様式** 膜貫通タンパク質が膜を貫通している部分はαヘリックスをとることが多い。

## 3. 膜を通した物質の輸送

分子の輸送を行うタンパク質は大きく2種類に分けられる（図6-4）。1つは輸送体（トランスポーター，transporter）または運搬体タンパク質（carrier protein）で，膜の片側で分子と結合し，タンパク質の構造を変えて分子を反対側に運ぶ。糖やアミノ酸，ヌクレオチドなど小型の有機分子や無機イオンがこの方法で運ばれる。もう1つはチャネル

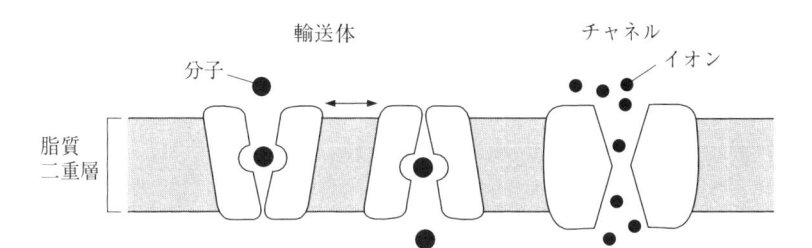

**図6-4 輸送体（トランスポーター）とチャネル** 輸送体は一連の構造変化を起こし，小型で水溶性の分子を通過させる。チャネルは親水性の小孔を形成し，これを開閉させてイオンを拡散により通過させる。

(channel)で，膜に親水性の小孔を形成し，それを開閉して無機イオン分子を拡散により通過させる。イオンチャネルともよばれる。

輸送体とチャネルの基本的な違いは，通過させる分子の選別の仕方である。輸送体は回転ドアに似ており，タンパク質の結合部位にぴったり合う分子が結合するとタンパク質が構造変化を起こし，1回に1つずつ膜を通過させる。一方，チャネルは，主として分子の大きさと電荷で選別している。チャネルが開の状態のときには，内径より小さくて特定の電荷をもつ分子なら通過できる。

(1) 輸送体とその働き

脂溶性の分子や電荷をもたない小型分子の一部は，単純拡散によって脂質二重層を通過する。しかし，小型の有機分子を運搬する際には，ほとんどの場合，輸送体が必要である。輸送体は極めて特異性が高く，1種類の分子しか運ばないことが多い。これは酵素と基質の関係に似ている。細胞膜のほかにも，細胞小器官の膜にはそれぞれ必要な輸送体が独自の組み合わせで備わっている。細胞膜には糖やアミノ酸，ヌクレオチドなどの栄養物を取り込むための輸送体があり，ミトコンドリア内膜にはピルビン酸を取り込んだりATPを運び出すための輸送体が，またリソソームにはH$^+$を取り込むための輸送体などがある（図6-5）。

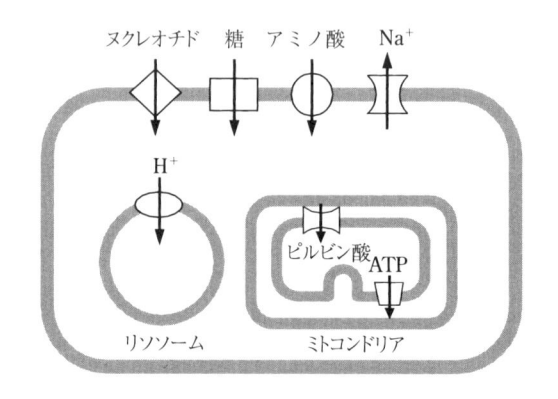

図6-5　輸送体によって膜を通して運ばれる代表的な分子　細胞膜や細胞小器官の膜にはそれぞれ特異な輸送体の組み合わせが存在する。

### (2) 受動輸送と能動輸送

ある分子が高濃度の側から低濃度の側へ"坂を下るように"移動するときには通路さえあればよい。このような輸送は駆動力を必要としないので、受動輸送（passive transport）または促進拡散とよばれる。例えば、ある分子の細胞外濃度が細胞内より高く、適当な輸送体かチャネルがあれば、その分子は自然に膜を通過して細胞内に取り込まれ、エネルギーの消費は起こらない（図6-6）。

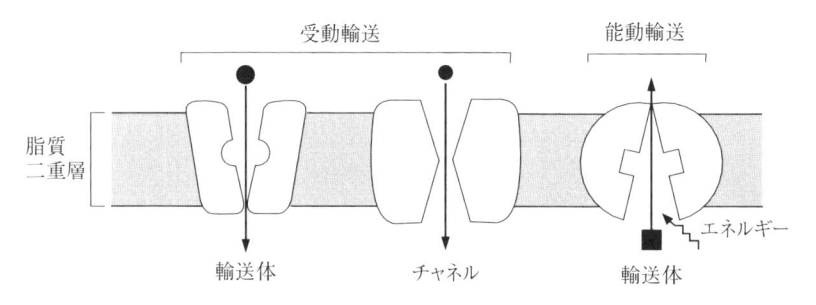

**図6-6 受動輸送と能動輸送** 受動輸送は濃度勾配に従って自然に起こるが、能動輸送はエネルギーを使って濃度勾配に逆らって輸送する。

これに対して、分子を濃度勾配に逆らって"坂を上る"方向に移動させるためにはエネルギーが必要である。このような輸送はエネルギーを供給するもう1つの過程と共役して起こり、能動輸送（active transport）とよばれる。能動輸送は輸送体によって行われ、チャネルは関与しない。

肝細胞のグルコース輸送体は受動輸送によって血糖の調節を行っている。食後、炭水化物の消化吸収により血糖値が上昇すると肝細胞中のグルコース濃度より高くなり、グルコースは肝細胞内へ取り込まれ、グリ

コーゲンに合成されて貯えられる。一方，空腹時には血糖が低下し，肝細胞中のグルコース濃度はグリコーゲンの分解や糖新生によって血糖値より高くなり，グルコースは肝細胞から血中に放出され，血糖が維持される。

　グルコースのように電荷をもたない分子の受動輸送は濃度勾配だけで決まるが，電荷をもつ分子の場合は濃度勾配に加えて膜電位（membrane potential）の力が加わる。電荷をもつ分子を輸送する力は，濃度勾配から生じる力と膜電位による力の2つから成り，これを合わせた駆動力を電気化学的勾配（electrochemical gradient）とよぶ（図6-7）。細胞膜の膜電位は普通外側が正，内側が負になっている。そのため，例えば細胞外に多い$Na^+$は濃度勾配と膜電位が同じ方向に働き，細胞内へ入ろうとするより強い力が作用する。逆に，細胞内に多い$K^+$は濃度勾配と膜電位が逆の方向に働くため，細胞外へ出ようとする力は膜電位の分だけ弱くなる。

　細胞内のイオン組成を一定に保ったり，細胞外から濃度の低い栄養物を取り込んだりするためには，電気化学的勾配に逆らって分子を移動させる能動輸送が不可欠である。能動輸送には主として2つの仕組みがある（図6-8）。その1つは，ある物質の勾配に逆らう輸送が，別の物質の勾配に従う輸送と共役して起こる場合で，共役輸送とよばれる。もう1つはATP駆動ポンプで，ATPの加水分解のエネルギーを使って分子を勾配に逆らって輸送する。

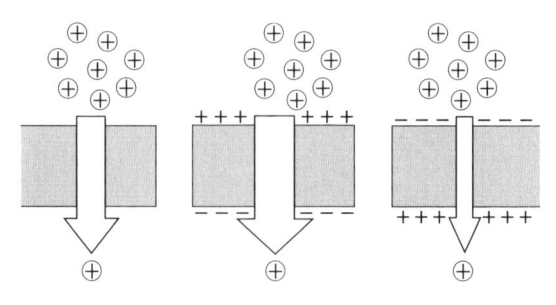

図6-7　**電気化学的勾配をつくる2つの因子**　電荷をもつ分子（イオン）を輸送させる駆動力は電気化学的勾配であり，分子の濃度勾配と膜電位の総和である。

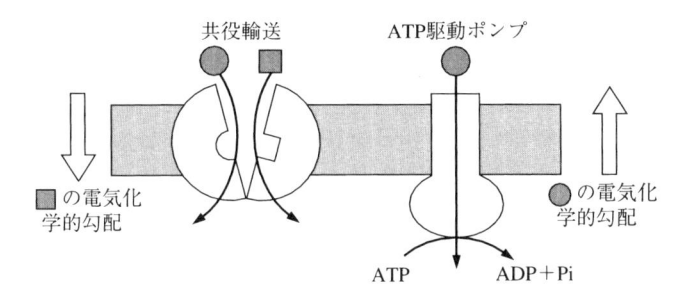

**図 6-8 共役輸送と ATP 駆動ポンプ**　能動輸送はこの 2 つの方法で行われる。共役輸送は Na$^+$ 勾配と共役するものが大切である。このほかに，光のエネルギーを用いる光駆動ポンプもある。

### (3) 共役輸送

動物細胞では，Na$^+$ の濃度勾配（細胞外で濃度が高く細胞内で低い）を利用して栄養物などを取り込む共役輸送が特に重要である。例えば，腸管上皮細胞の腸内腔に面する細胞膜は微絨毛を形成し，ここには Na$^+$ 勾配と共役してグルコースを細胞内に取り込むグルコース輸送体が存在する（上に述べた肝細胞のグルコース輸送体と異なる）。一方，同じ細胞の反対側（基底部）の細胞膜では受動輸送を行うグルコース輸送体があり，グルコースは濃度勾配に従って放出され，血中に入り，他の組織に供給される。このように，1 つの細胞に 2 種類のグルコース輸送体が備わっており，腸管内のグルコースを腸管上皮を経由して体内に取り込む見事な仕組みが働いている。

上に述べた腸管上皮細胞膜の腸内腔側でのグルコースの取り込みは，グルコースと Na$^+$ が同じ方向に輸送され，シンポートとよばれる。一方，共役する 2 つの分子が逆に輸送される場合もあり，アンチポートとよばれる。

## (4) ATP 駆動ポンプ

共役輸送では $Na^+$ の濃度勾配を利用する輸送系について述べたが、あらかじめ $Na^+$ の濃度勾配をつくるためには $Na^+$ を勾配に逆らって運んでおく必要がある。すなわち、さまざまな能動輸送は連携して働いている。動物細胞では、$Na^+$-$K^+$ ポンプが $Na^+$ を細胞内から外部へ勾配に逆らって汲み出している。このポンプはその名が示すように、$Na^+$ の外部への輸送を $K^+$ の内部への輸送と組み合わせて行っている（図6-9）。このポンプは $Na^+$ と $K^+$ の輸送に ATP の ADP への加水分解のエネルギーを利用する。したがってこのポンプは輸送体であると同時に、ATP アーゼという酵素でもあり、$Na^+$-$K^+$ ATP アーゼともよばれる。

$Ca^{2+}$ は細胞内のシグナル分子として働いたり、筋細胞の収縮を司るなど、細胞にとって大切なイオンであり、その細胞内濃度の調節は極めて重要である。動物では、細胞外の $Ca^{2+}$ 濃度は通常 1～2 mM であるのに対し、細胞内（正確には細胞質ゾル）濃度は極めて低く保たれている（およそ $10^{-7}$ M）。このような低濃度を維持するために、主として2種類の ATP 駆動性 $Ca^{2+}$ ポンプが働いている。1つは細胞膜に存在し、$Ca^{2+}$ を細胞外に汲み出している。もう1つは小胞体（筋細胞では筋小胞体）に存在し、$Ca^{2+}$ を小胞体内に取り込むことにより、細胞質ゾルの $Ca^{2+}$ 濃度を下げている。つまり小胞体は細胞内 $Ca^{2+}$ の貯蔵庫として働く。

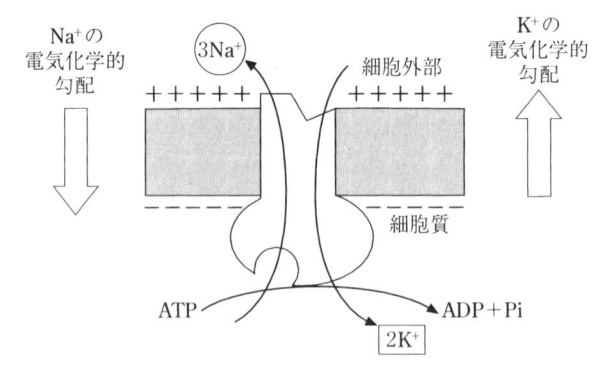

図6-9 **$Na^+$-$K^+$ ポンプ** ATP 加水分解のエネルギーを使って3個の $Na^+$ を細胞外へ、2個の $K^+$ を細胞内へ、それぞれの電気化学的勾配に逆らって輸送する。

## 4. イオンチャネルと膜電位

　チャネルタンパク質は，生体膜を小型の水溶性分子が通れるような親水性の小孔，すなわちチャネルを形成する。チャネルの中には，2個の隣り合った細胞の間につくられるギャップ結合や，細菌の外膜やミトコンドリアの外膜に存在するポーリンのように比較的大きい孔のものもあるが，大部分は小型の無機イオン（$Na^+$, $K^+$, $Cl^-$, $Ca^{2+}$ など）を通すイオンチャネルである。

　イオンチャネルは単なる親水性の小孔とは異なり，2つの大きな特徴がある。第一に，イオンチャネルにはイオン選択性があり，特定の無機イオンしか通さない。この特異性は，イオンチャネルの大きさと形，およびチャネルをつくっているアミノ酸残基の電荷によって決まる。第二に，イオンチャネルは開き放しではなく，ゲートを備えていて必要に応じて開いたり閉じたりする。イオンチャネルのもう1つの大きな特徴は，輸送体に比べて輸送速度がはるかに大きいことである。一方，イオンの輸送をATPの加水分解や他の分子の輸送と共役させる能動輸送はできない。

(1) リガンド依存性チャネル

　イオンチャネルの開閉には2つの様式がある（図6-10）。1つはリガンド依存性チャネルで，リガンド（ホルモンや神経伝達物質などの情報分子）がチャネルタンパク質のリガンド結合部位に結合することで開閉が調節されている。筋細胞に存在するアセチルコリン受容体はこの例で，アセチルコリンが結合するとゲートが開き，$Na^+$ と $K^+$ を電気化学的勾配に従って通過させる。もう1つは電位依存性チャネルである。

(2) 電位依存性チャネル

　ポンプや輸送体による能動輸送の働きで，膜内外のイオン濃度は大き

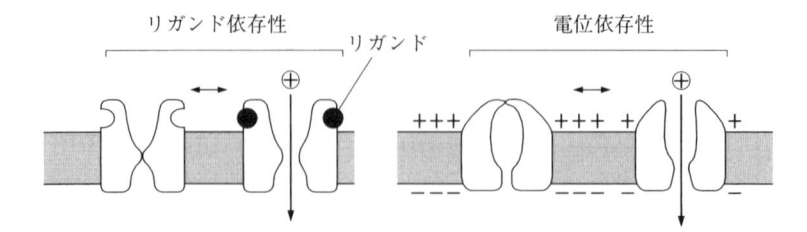

**図 6-10　リガンド依存性チャネルと電位依存性チャネル**　これらのチャネルはゲートをもち，それぞれリガンドあるいは電位差の変化に応答して開閉する。

く異なる。したがってチャネルが開くとイオンはどっと流入あるいは流出し，膜内外の電位差，すなわち膜電位（membrane potential）を変化させる。電位依存性チャネルは膜電位の変化に敏感に反応して開閉する。神経細胞では，その結果生じた電気シグナルは細胞膜の一部から他の部位に伝わり，神経刺激伝導が行われる。チャネルの調節は孔の大きさを変えるのではなく，開状態と閉状態の割合を変えることで行われる。

(3)　**神経細胞のイオンチャネルと活動電位**

　神経細胞，すなわちニューロン（neuron）の基本的な仕事は，シグナルを受け取り，運び，引き渡すことである。ニューロンは核を含む1個の細胞体と多数の樹状突起から成り，細胞体からは1本の長い軸索（axon）が伸び，末端は枝分かれした神経末端を形成し，標的細胞にシグナルを伝達する（図6-11）。樹状突起や細胞体から入ったシグナルは，軸索を経由してニューロンの端から端まで毎秒100mにもおよぶ速度で伝わるが，これには次のような仕組みが働いている。

　神経細胞膜にはおよそ −60mV の静止膜電位がある。樹状突起にシ

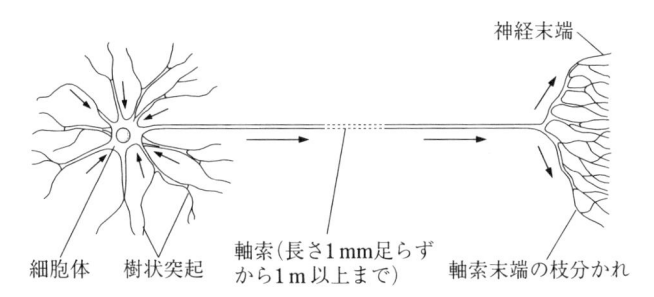

**図6-11 典型的なニューロンの模式図** 矢印はシグナルが伝導される方向を示す。1本の軸索が細胞体からのシグナルを伝導する一方で、たくさんある樹状突起はほかのニューロンの軸索からの複数のシグナルを受け取る。

グナルが入ると局所的な脱分極が起こる。ある一定の閾値を越える脱分極刺激が来ると、その部分にある電位依存性 $Na^+$ チャネルが開き、外部から $Na^+$ が流入して脱分極が進む。この爆発的な脱分極を活動電位(action potential)とよぶ。この活動電位により近傍の $Na^+$ チャネルも開き、活動電位の波は軸索に沿って迅速に伝わってゆく。

● 参考文献
1) 石川春律他編「分子・細胞の生物学Ⅱ」(岩波講座・現代医学の基礎2) 岩波書店 (2000).
2) B. Alberts 他著, 中村桂子他監訳「Essential 細胞生物学」南江堂 (2005).
3) H. Lodish 他著, 野田春彦他訳「分子細胞生物学」第4版, 東京化学同人 (2001).
4) L. Stryer 著, 入村達郎他訳「ストライヤー生化学」第5版, トッパン (2004).
5) D. Voet, J. Voet 著, 田宮信雄他訳「ヴォート生化学」第3版 (2005).

〈練習問題〉
1. 生体膜は分裂したり融合したりするが,どのような場合に膜の融合と分裂が見られるか考察せよ。
2. 動物細胞の外と内の $Na^+$,$K^+$,$Cl^-$ のおよその濃度を述べよ。
3. 肝細胞膜のグルコース輸送体による血糖の調節について述べよ。
4. 細胞質ゾルの $Ca^{2+}$ は細胞内情報伝達に極めて重要な役割を果たす。その $Ca^{2+}$ 濃度の調節について述べよ。
5. 輸送体とチャネルの異なる点を3つ挙げよ。

# 7. タンパク質の細胞内輸送と局在

河野　憲二

　タンパク質は細胞質ゾルで合成され，合成されたポリペプチド鎖は細胞内のシャペロンの助けを借りてフォールディングし機能的な立体構造をもつ分子となることを学んだ。しかし，これだけでは細胞内で機能することはできない。おのおののタンパク質が機能するために適切な場所へ行かなければならない。それでは，合成されたタンパク質はどのようにして正しい目的地へ向かうのだろうか。ここでは，タンパク質はどのようにして適材適所に配置されるのか，そのシグナルはどこにあるのか，またそのタンパク質を運ぶための細胞装置にはどのようなものがあるのかを学ぶ。

## 1. シグナル配列の発見

　真核細胞には原核細胞と異なり，細胞内に脂質二重層で隔てられた細胞小器官（オルガネラ）があり，それぞれ独立した生理機能をもっている（第2章）。遺伝情報の複製や発現制御をしている核，分泌系タンパク質合成に関与する小胞体やゴルジ体，エネルギー産生に関与するミトコンドリアや葉緑体，過酸化水素や脂質代謝などに関与するペルオキシソームなどである。それでは，細胞質ゾルで合成されたタンパク質はどのようにして自身の行き先を決めるのだろうか？　行き先を決める情報はどこに隠されているのだろうか？　この疑問に関して，1975年に米国ロックフェラー大学のブローベル博士（G. Blobel）は「シグナル仮説」を提唱した。分泌タンパク質を研究していたブローベルは，いろいろな分

表7-1 タンパク質のシグナル配列

| シグナルの種類 | 代表例 | アミノ酸配列 | 位置 |
|---|---|---|---|
| 核局在化シグナル（NLS） | SV40T抗原 | -P**KKKRK**V- | どこでも可 |
| 核外輸送シグナル（NES） | MAPキナーゼキナーゼ | -LGKKLEELELE- | どこでも可 |
| 小胞体輸送シグナル（シグナルペプチド） | プレプロアルブミン | MKWVTFLLLLFISGSAFS- | N末端 |
| 小胞体保持シグナル | BiP (Grp78) | -KDEL | C末端 |
| ミトコンドリア輸送シグナル | シトクロム$c$オキシダーゼ | MLSL**R**QSI**R**FF**K**PAT**R**TLCSS**R**YLL- | N末端 |
| ペルオキシソーム輸送シグナル | カタラーゼ | -SKL | C末端 |

下線：疎水性アミノ酸のクラスター，太字：正電荷をもつアミノ酸で重要なもの，二重下線：ロイシン残基で重要なもの

泌タンパク質のアミノ酸配列を比較することによりN末端側部分に疎水性のアミノ酸が集中していることに気がつき，分泌タンパク質は合成される最初の部分に小胞体膜通過に必要な配列があると提唱したのである。この仮説が正しいことは実験により明らかとなった。すなわち，タンパク質はどこへ行くべきかというシグナル（シグナル配列とよぶ）を自分でもっている（ブローベルはこれらの仕事により1999年のノーベル医学生理学賞を受賞した）。それ以降精力的にいろいろなタンパク質のシグナル配列が解析され，各オルガネラへ行くための配列が明らかにされた（表7-1）。またシグナル配列が明らかになることにより，その配列を認識する細胞側の受容体タンパク質や装置についての研究も飛躍的に進んだ。

## 2. タンパク質輸送の配送ルート

タンパク質が各オルガネラへ輸送される仕組みは，大きく3つに分け

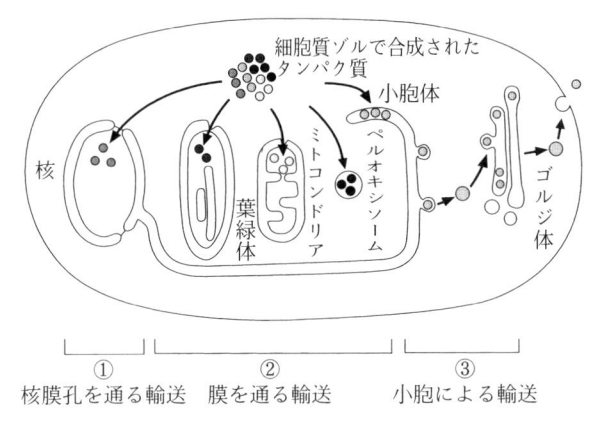

**図 7-1-(1) タンパク質輸送のための 3 つのシステム**
①③はタンパク質がフォールディングした状態で輸送されるが、②の場合は膜通過をしなければならないので通常シャペロンにより構造がほどかれる。((参考文献 1) 図 14-5 を改変)

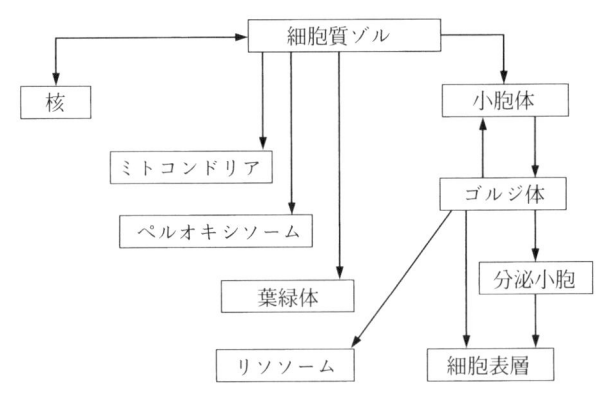

**図 7-1-(2) タンパク質輸送の配送ルート**
細胞質ゾルのリボソーム上で合成されたタンパク質が、各オルガネラに輸送されるルートを表したもの。

られる（図7-1-(1)）。第一は，核膜孔というゲートを介した核への輸送（transport through nuclear pore），第二は，小胞体，ミトコンドリア，ペルオキシソームなどへの膜を通る輸送（transmembrane transport）であり，第三は，分泌系の小胞体以降に使われている小胞輸送（vesicular transport）である。（図7-1-(2)）はそれらをまとめたものでタンパク質輸送のロードマップである。細胞質ゾルで合成されるすべてのタンパク質がオルガネラ行きのシグナル配列（郵便配達における荷札のようなものと考えてもらうとわかりやすい）をもっているわけではない。荷札をもたないタンパク質は自動的に細胞質ゾルに残り細胞質ゾルで働くことになる。シグナル配列をもたないことは，細胞質ゾルに残るためのシグナルとなるわけである。タンパク質はリボソーム上で合成されるが，そのとき小胞体膜に結合した状態で合成されるもの（膜結合型リボソーム）と，そうでないもの（遊離型リボソーム）とがあり，小胞体へ輸送されるタンパク質は膜結合型リボソームで合成され，その他のオルガネラへ輸送されるタンパク質は遊離型リボソームで合成される。

## 3．核膜孔を通る輸送（核輸送）

核輸送は核膜孔という特殊な孔を通して，核内への輸送，核外への輸送両方向の輸送が同一の孔を通して行われている非常に特殊な輸送である。この孔は，低分子は拡散により自由に通過できるが，分子量が6万以上のタンパク質は表7-1に示したような核局在化シグナル（NLS：nuclear localization signal）をもつタンパク質しか通過できない。核局在化シグナルは正電荷のリシンやアルギニンを数個含む1つまたは2つの短い配列から成っている。核輸送では細胞質ゾルで合成されたタンパク質がフォールディング後輸送されるので，核局在化シグナルは分子の外側に面していればよく，その位置はどこにあってもよいし，輸送後

切断されることもない。高等真核生物の核は細胞分裂時に崩壊・再構成することが知られており，核膜再構成後，核タンパク質はそのシグナルを使い速やかに核内に戻ることができる。核膜孔は図7-2に示すように核膜孔複合体とよばれる30種類程度のタンパク質から構成され，哺乳動物では分子量がおよそ1億2500万の巨大な複合体を構成している。内膜と外膜が合わさった部分に8個の三層のサブユニットがリング状に結合し，細胞質ゾル側にはヒゲ状構造が，核質側にはバスケット型をしたかご状構造がある。この中心の孔を，細胞質ゾルで合成された核酸合成に関与する酵素や転写因子などの核タンパク質が核内へ，核質で合成されたmRNAや集合したリボソームのサブユニットなどが核外へと輸送されている。

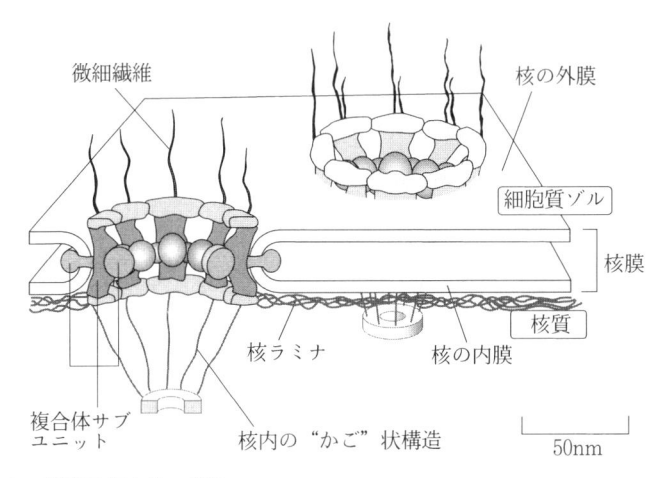

**図7-2　核膜孔複合体の構造**
核膜孔複合体の主要な部分は，8つのサブユニットがリング状に三層構造をとっている。細胞質ゾル側にはヒゲ状の微細繊維がでており，核質側にはバスケット状のかごのような構造が観察される。((参考文献1) 図14-8より)（第2章図2-2参照）

核タンパク質は，NLS を認識するインポーチンとよばれる輸送担体により核膜孔を通り核内に運ばれる。核内の低分子量 GTP 結合タンパク質 Ran とインポーチンが結合すると核タンパク質は解離される（図7-3右）。タンパク質の核外輸送シグナル（NES：nuclear export signal）は，ロイシンが比較的多い配列（表7-1）でこの NES 配列をもつタンパク質はエクスポーチンとよばれる輸送担体に認識され核外へ運ばれる。エクスポーチンは核内で GTP 型 Ran と結合すると基質との結合が安定化し，3者の複合体が核膜孔を通り細胞質ゾルへと運ばれる。細胞質ゾルには GTP–Ran の水解活性を増大させる因子があり，GTP–Ran は GDP–Ran へと変換し，基質は担体から離れる（図7-3左）。こ

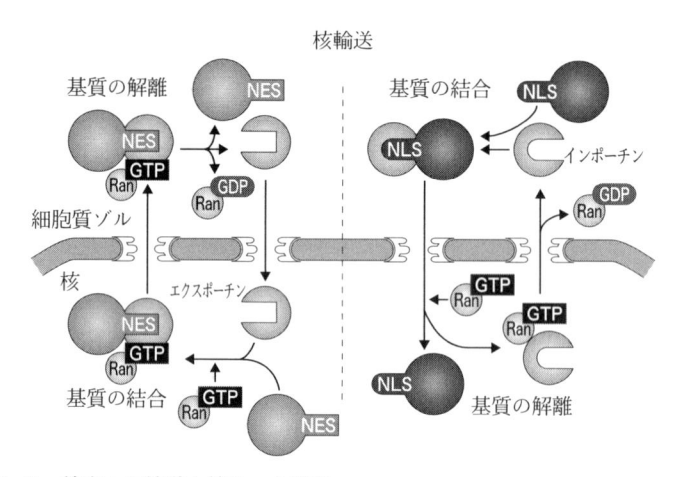

**図7-3　核内への輸送と核外への輸送**
インポーチンは細胞質ゾルで合成された NLS をもつタンパク質と結合し，核内に輸送されると，GTP–Ran と結合し基質と解離するが（右側），エクスポーチンは GTP–Ran と結合すると基質との結合が安定化し3者の複合体を形成する。細胞質ゾルで GTP 型 Ran が GDP 型 Ran に変換すると基質はエクスポーチンから遊離する（左側）。核輸送は GTP を必要とする能動輸送である。

のように核タンパク質の核輸送は，インポーチン，エクスポーチンという担体を利用して行われており，これらの担体は核と細胞質ゾルとをシャトルしている。輸送の方向性は核内外のGTP-Ranの濃度勾配により決められる。

## 4．膜を通る輸送

　タンパク質が合成されオルガネラや細胞表層に輸送されるとき，膜を通過するのは原則的に一度だけである。膜を通る輸送として，小胞体，ミトコンドリア，ペルオキシソーム，葉緑体などへの輸送があるが，このうち小胞体への輸送だけがタンパク質合成とカップルして行われる（翻訳時輸送）もので，他は翻訳後に輸送される。膜タンパク質や分泌タンパク質は，粗面小胞体で合成され，翻訳されながら膜に挿入されていく。細胞が増殖するためには，細胞は細胞膜だけでなくオルガネラを形成する膜も合成しなければならない。これらの膜タンパク質合成は粗面小胞体からスタートする。図7-4は，分泌の盛んな大腸上皮にある杯

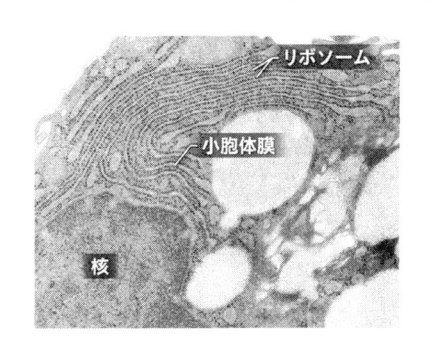

図7-4　粗面小胞体の電子顕微鏡像
マウス大腸の杯細胞は分泌タンパク質ムチンを大量に合成しており，よく発達した粗面小胞体が観察される。小胞体膜上に見える黒い点がリボソームで，大きく白く抜けた部分はムチンを貯めた分泌小胞である。

（さかづき）細胞の電子顕微鏡写真だが，細胞質が非常に発達した粗面小胞体で占められている像が観察される。小胞体輸送シグナルは通常 N 末端にあり，7個から10数個程度の疎水性のアミノ酸がクラスターをつくっており，小胞体への挿入後切断される。まずリボソーム上でペプチド鎖が約70残基程度合成されリボソームの外側にシグナル配列（小胞体輸送シグナルのこと，通常シグナルペプチドとよぶ）が現れるとシグナル認識粒子（SRP：signal recognition particle）が結合し，翻訳が一時停止する。SRP が小胞体膜上の SRP 受容体にリボソーム・ポリペプチド・SRP 複合体を運び，シグナル配列が SRP から解離しトランスロコン（Sec61複合体から成るタンパク質転送装置）に移行するとタンパク質合成は再開し，図7-5に示すように新しいペプチド合成に伴ってペプチド鎖は小胞体内腔に輸送されていく。シグナル配列と SRP との結合解離にも GTP が使われている。シグナル配列は小胞体膜にあるシグナルペプチダーゼにより切り取られたのち分解する。小胞体内腔に輸

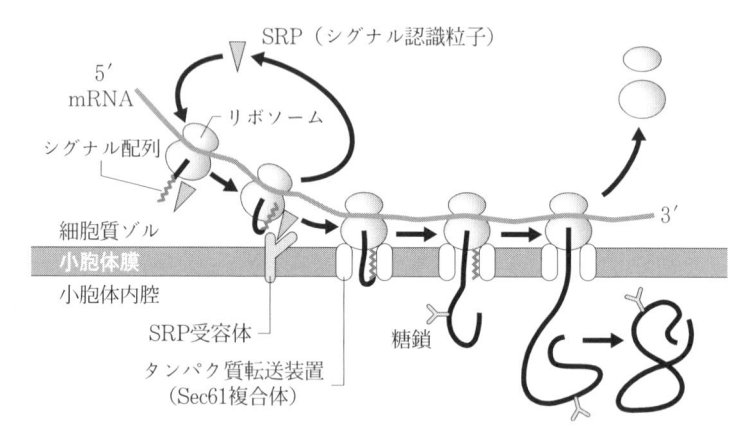

図7-5　粗面小胞体での分泌タンパク質の合成

送されたポリペプチド鎖は，糖鎖の付加やジスルフィド結合の形成が行われ，各種の小胞体シャペロンの助けを借りてフォールディングを完了し可溶性のタンパク質となる（第5章）。図7-6に示すように，合成中にペプチド鎖の途中に疎水性に富んだ輸送停止配列が現れると小胞体内腔へのペプチド鎖の挿入は停止し，それ以降のペプチド鎖は細胞質ゾル側に合成される。合成後，輸送停止配列はトランスロコンから解離しαヘリックス構造をした膜貫通領域となる。このようにして合成されたタンパク質はⅠ型膜タンパク質とよばれ，N末端を内腔側に，C末端を細胞質ゾル側に向けた膜貫通領域を1つもつ膜タンパク質となる。膜タンパク質はこのほかに，Ⅰ型膜タンパク質と全く逆の配向をしたⅡ型膜タンパク質や，複数回膜貫通型タンパク質があり，細胞膜に輸送されさまざまな受容体として重要な機能を担っている。

　小胞体以外のオルガネラへの膜通過で小胞体への輸送と大きく異なる点は，遊離型リボソームで合成されたのち，タンパク質合成が終わった

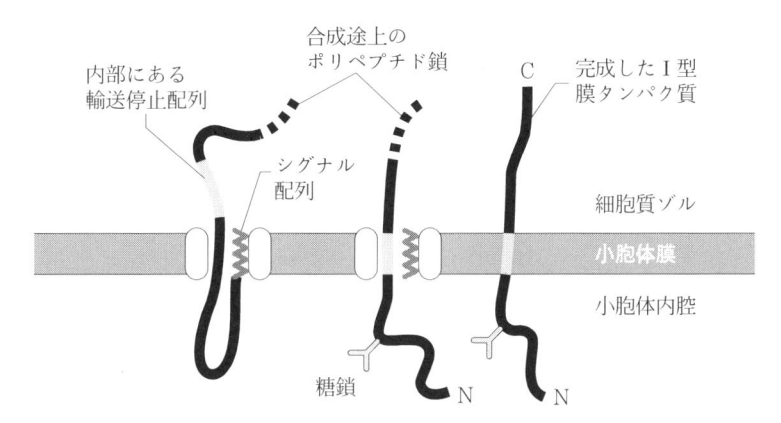

**図7-6　膜貫通タンパク質のできる仕組み**
　　詳細は本文参照。簡略化のために膜結合リボソームは省略している。

あとで膜通過をする点である。これに関しては，ミトコンドリアへの輸送を例にとり簡単に紹介する。ミトコンドリア輸送シグナル（プレ配列）はN末端側にあり，両親媒性の$\alpha$ヘリックス構造をとっている。膜を通過するためには，タンパク質はアンフォールドされひも状の伸ばされた状態になる必要がある。ミトコンドリアは内膜と外膜の二重の膜からできており，タンパク質は内膜と外膜が接している特定の部位で2つの膜を同時に通過する（図7-7）。プレ配列が外膜にある受容体に結合し，タンパク質前駆体は細胞質ゾルにあるシャペロンでタンパク質の構造がほどかれるから，タンパク質転送装置を通過し，マトリックス側に到達したペプチド鎖は，ミトコンドリアのシャペロンにより引き込まれ，さらに再フォールディングされる。輸送の途上か完了したあとでシグナル配列は切り離される。さらにミトコンドリアの膜間腔へ向かうタンパク質の多くは，N末端のシグナル配列が取り除かれると初めて次の所へ向

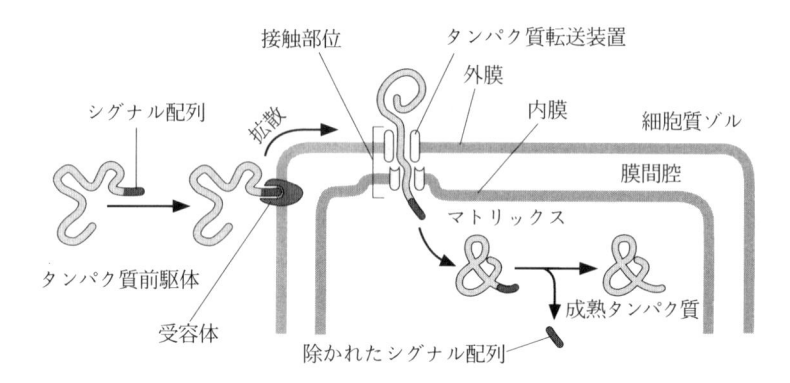

**図7-7　ミトコンドリアへのタンパク質輸送**
シグナル配列（プレ配列）の識別はミトコンドリア外膜にある受容体が行う。タンパク質輸送は外膜と内膜の接触部位にあるタンパク質転送装置を利用して，一度に膜通過をしてマトリックスに輸送され，シグナル配列は除かれる。
((参考文献1) 図15-10 より)

かうためのシグナル配列が現れるようになっている。

## 5. 小胞による輸送（小胞輸送）

　小胞体からゴルジ体，ゴルジ体からエンドソーム，リソソームなどの細胞内膜系や細胞膜への輸送は輸送小胞の出芽と融合の繰り返しにより行われる。このステップは図7-8に示すように，ドナー膜からの輸送小胞の出芽，ターゲット膜への接着，融合という3つのステップをとる。輸送されるタンパク質（積み荷あるいはカーゴという）は輸送小胞内に取り込まれ，小胞体からゴルジ体へ運ばれ，ゴルジ層板間を通り，トランスゴルジ網から細胞膜，あるいはリソソームへと向かう（図7-9）。いったん膜を通過し小胞内に取り込まれた積み荷タンパク質は，出芽・接着・融合のステップを繰り返して運ばれていくことになるが，その後は膜を通過することはなく，分泌タンパク質の場合はそのまま細胞外に分泌される。小胞輸送に関しての分子機構は，酵母を用いた遺伝学的研究と動物培養細胞を用いた試験管内タンパク質輸送再構成系の実験により発展した。特に，酵母ではさまざまな温度感受性変異株を利用でき，遺伝子の変異と in vivo での表現型とを直接に結びつけることができる

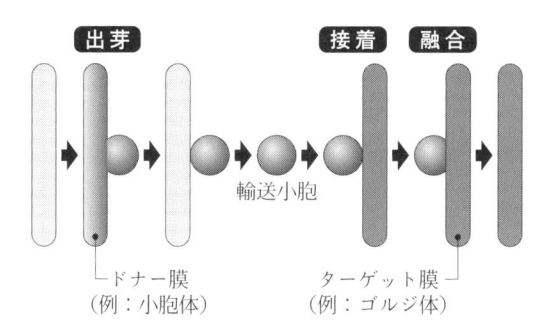

図7-8　小胞輸送の概念図

ことが大きな利点である。またこの酵母を用いて明らかにされた分子機構は，基本的に高等生物のタンパク質輸送系に非常によく保存されていることも明らかとなった。

**1 出芽と融合**： 小胞輸送で重要なステップは，輸送すべきタンパク質をどのように選択濃縮するかということと，目的の標的膜をどのようにして選択するのかということである。出芽時点での積み荷タンパク質の選択は，輸送すべきタンパク質の濃縮と残るべきタンパク質の排除の2つの機構が働いていると考えられている。通常はこれらの機構により正しい選択濃縮が行われるが，残るべき分子が誤って輸送小胞に取り込まれる場合もある。例えば小胞体に局在すべきタンパク質が輸送小胞に取り込まれゴルジ体まで運ばれた場合はどうなるのであろう。細胞は実

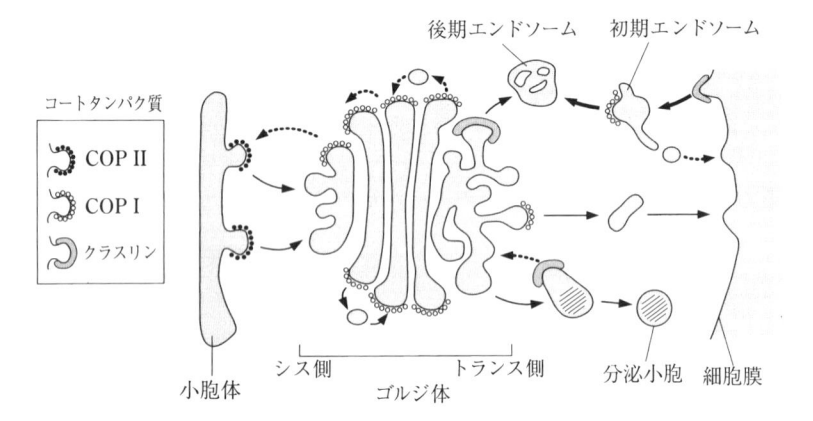

**図7-9　小胞輸送の概略**
小胞体からゴルジ体を経て細胞膜への分泌過程と，ゴルジ体から後期エンドソームを経てリソソームへ向かう経路，エンドサイトーシス（太い実線）により膜から取り込まれる経路を示してある。実線は順輸送，波線は逆輸送を示している。
（文献 Molecular Biology of the Cell, Garland Science 社（2002）図13-5を改変）

に巧妙にできていて，ゴルジ体から小胞体への逆輸送を利用してこれらのタンパク質を回収している．同様に小胞体保持シグナルをもつ小胞体シャペロンの多くは，いったんシスゴルジ網に輸送されるがそこに豊富にある受容体にトラップされ小胞体に効率よく返送されるので，大局的にみると大部分の分子は小胞体に局在しているようにみえる（図7-10）．

**2　出芽の分子機構：**　ドナー膜から出芽する輸送小胞の表層は特殊なコート（被覆）タンパク質で覆われている．最も古くから研究されていたものが，細胞膜表層からのエンドサイトーシスに使われるクラスリンであるが，ゴルジ体から形成されるCOP I 被覆小胞，小胞体から形成さ

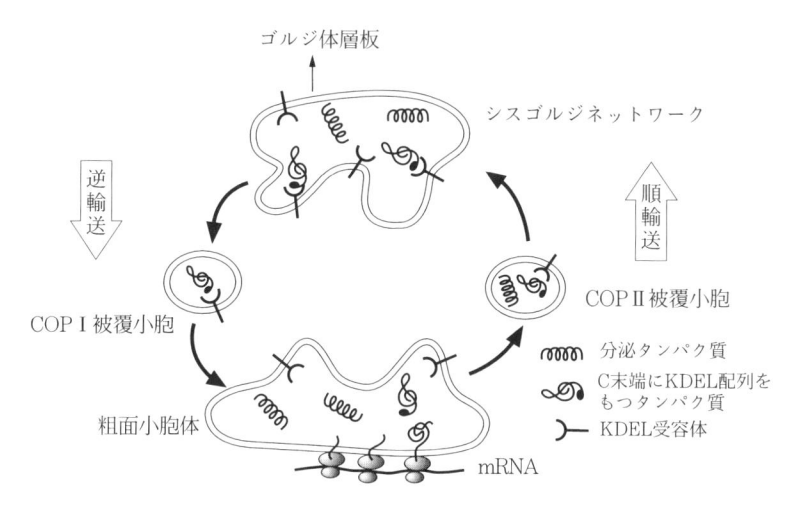

図7-10　**小胞体－ゴルジ体間におけるタンパク質のリサイクリングと小胞輸送**
多くの可溶性の小胞体シャペロンは，C末端にKDEL（Lys-Asp-Glu-Leu 図では●）という配列をもっているので，実際にはゴルジ体に運ばれてしまっても，シスゴルジ網や輸送小胞にあるKDEL受容体により，ゴルジ体から小胞体へのCOP I 被覆小胞により小胞体へ戻される．

れるCOPⅡ被覆小胞にも特有のコートタンパク質が同定され，その被覆の集合にはそれぞれ，低分子量GTP結合タンパク質が関与している。コートタンパク質サブユニットの構成因子やそれらに結合しているアダプタータンパク質が積み荷タンパク質の選択に関与している。被覆が形成されると膜から小胞が形成され，被覆小胞になる。これらの被覆は標的細胞と融合する前に解離し，標的化と融合に必要なv-SNAREが現れる。COPⅠ被覆小胞はゴルジ層板間やゴルジ体から小胞体への逆輸送に働き，COPⅡ被覆小胞は小胞体からゴルジ体への順輸送に働いている（図7-9，7-10）。

**3 融合の分子機構：** 輸送小胞が正しい標的膜を見分けるためにSNARE（スネアと発音する）という特殊な膜タンパク質が関与していることが報告されSNARE仮説とよばれている（図7-11）。ドナー側の小胞上にはv-SNAREが，標的側の膜上にはt-SNAREという膜タン

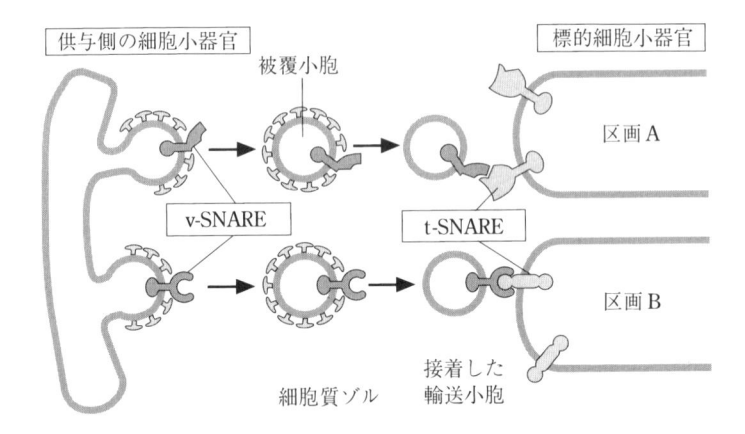

図7-11 **SNAREタンパク質による目的地への配送**
ドナー膜から出芽した小胞は，その表層にv-SNAREがあり，これが標的膜上にある相補的なt-SNAREと結合する。細胞質ゾルにはさまざまなv-SNAREとt-SNAREがあり，これらの組み合わせにより適切な膜への輸送が行われる。

パク質があり，これらの組み合わせが合致したときのみ膜融合が起きるというものである。v は vesicle（小胞）を t は target（標的）を表している。実際それぞれのオルガネラには固有の SNARE が見出されており，この仮説は基本的に正しいことが証明されている。

●参考文献
1) B. Alberts 他著，中村桂子他監訳「Essential 細胞生物学（原書第2版）」南江堂（2005）．
2) H. Lodish 他著，石浦章一他訳「分子細胞生物学」第5版，東京化学同人（2005）．
3) 石川春律他編「分子・細胞の生物学 II　細胞」（岩波講座・現代医学の基礎 2）岩波書店（2000）．

〈練習問題〉
1. 分泌タンパク質が合成されたのち細胞外に分泌されるまでに，どのようなオルガネラ（細胞小器官）を経由していくか述べよ。
2. 核タンパク質の核への輸送について特徴的な点を3つ挙げよ。
3. タンパク質がオルガネラに輸送されるときの代表的な輸送システムを3つ挙げよ。

# 8 エネルギー変換とミトコンドリア

森　正敬

　生物が生命活動を営むためにはエネルギーが必要である。細胞は環境からエネルギーを取り出し，いったん利用しやすい形に変えて利用している。動物も植物も微生物も，外部から食物や栄養物質を取り入れ，これを酸化することによりエネルギーを得ている。植物はこれに加えて，光のエネルギーを生体エネルギーに変換して利用する。栄養物質の酸化によって得られるエネルギーの大部分はアデノシン三リン酸（ATP）という"エネルギー通貨"に変えられた後に，細胞の運動や，細胞膜を通しての物質の移動や，巨大分子の合成などに使われる。真核細胞の生体酸化反応は主としてミトコンドリアで行われる。ミトコンドリアは栄養物質の酸化で得られるエネルギーをATPに変換するために，電子伝達系とATP合成酵素から成る酸化的リン酸化という見事な仕組みを備えている。ミトコンドリアはまさに細胞の"発電所"または"ATP産生工場"といえる。

## 1. 動物のエネルギー代謝の概要

　ヒトを含むすべての動物は体外より食物を取り入れ，それを酸化することによりATPを合成している。その概略を図8-1に示す。ATP合成は3つの段階に分けることができる。第1段階はアセチルCoAの生成である。食物に含まれる炭水化物，脂質，タンパク質はエネルギー源となり，いずれも代謝されてミトコンドリアでアセチルCoAを生じる。
　第2段階はアセチルCoAの酸化である。アセチルCoAはミトコンド

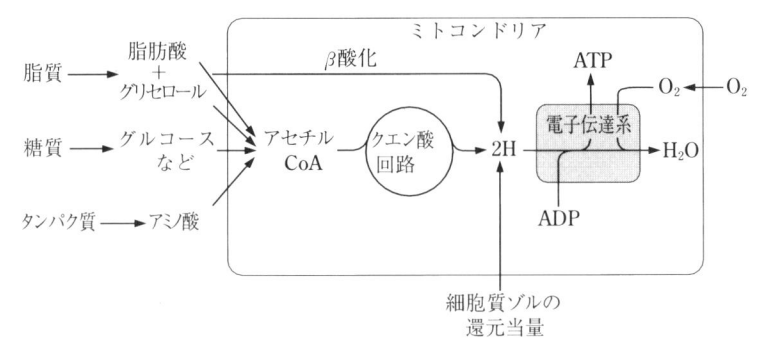

**図 8-1 食物に含まれる燃料（呼吸基質）の酸化と ATP 合成の概略**
呼吸基質の酸化によって生じる還元当量（2H）はミトコンドリアの電子伝達系に集められ，その酸化によって ATP が生じる。

リアのクエン酸回路またはトリカルボン酸回路（TCA 回路）によって酸化され，還元当量（H または電子）を生じる。脂肪酸の β 酸化ではアセチル CoA に加えて直接還元当量が生じる。すなわち，呼吸基質の酸化によって生じる有効なエネルギーのほとんどは，ミトコンドリア内の還元当量の形に集約される。

第 3 段階は電子伝達系（呼吸鎖）と ATP 合成酵素による ATP の合成（酸化的リン酸化）である。クエン酸回路で生じた還元当量は，ミトコンドリア内膜に存在する電子伝達系によって最終的に酸素と反応して水を生じるが，このとき遊離するエネルギーを ATP の高エネルギーリン酸の形で捕捉する。

## 2. 解糖

グルコースは多くの生物において主要なエネルギー源である。グルコースは細胞質ゾルの解糖（glycolysis）経路によって 2 分子のピルビン

酸に分解される。グルコース（六炭糖の1つ）はまずATPを用いてリン酸化されてグルコース-6-リン酸を生成する反応に始まり，フルクトース-1,6-ビスリン酸を経て2分子のトリオースリン酸（三炭糖）に開裂し，ATPを生成しつつピルビン酸となる。グルコースからピルビン酸までの反応をまとめると次のようになる。

$$\text{グルコース} + 2ADP + 2Pi + 2NAD^+$$
$$\longrightarrow 2\text{ピルビン酸} + 2ATP + 2NADH + 2H^+ + H_2O$$

すなわち，グルコース1分子あたり2分子のATPを生成する（基質レベルのリン酸化）とともに，2分子の$NAD^+$を還元してNADHを生成する。グリコーゲンからグルコース-6-リン酸を経て解糖に入る場合には，グルコース単位あたり3分子のATPが生じる。

酸素のある好気的条件下では，ピルビン酸はミトコンドリアに運ばれて酸化される（図8-5参照）とともに，$NADH+H^+$の還元当量もミトコンドリアに運ばれてATP合成に用いられる。一方，嫌気的条件下ではピルビン酸は乳酸に転換されるとともに，$NADH+H^+$は$NAD^+$に再酸化され，反応は次のようになる。

$$\text{グルコース} + 2ADP + 2Pi$$
$$\longrightarrow 2\text{乳酸} + 2ATP + 2H_2O$$

例えば短距離疾走などでは，嫌気的解糖で合成されたATPが筋運動に用いられ，このとき大量の乳酸が蓄積する。このように嫌気的解糖によってもATPが合成されるが，その効率は好気的酸化に比べてはるかに低い。

解糖で生じたピルビン酸の酸化はミトコンドリアで行われるが，ここでミトコンドリアの構造について述べる。

## 3. ミトコンドリアの構造

第2章ですでに述べたように，ミトコンドリアは内外2枚の膜に包まれており，外側から外膜，膜間腔，内膜，マトリックスの4つの区画から構成される（図2-10, 2-11）。外膜と内膜はところどころで接しており，接触部位またはコンタクトサイトとよばれる。

### (1) 外膜

外膜（outer membrane）にはポリンとよばれるチャネルタンパク質が存在し，分子量約5000以下の非電解質分子はほぼ自由に通過できる。しかし最近，ポリンが電位依存性アニオンチャネルであることがわかってきた。また外膜には，ミトコンドリアタンパク質の輸送に働く Tom（translocase of the outer membrane）複合体が存在する。

近年，外膜はアポトーシスによる細胞死との関係が注目されている。膜間腔に存在するシトクロム $c$ の細胞質ゾルへの流出がアポトーシスの引き金となるが，外膜はこの段階を制御している（第15章参照）。

### (2) 膜間腔

膜間腔（intermembrane space）は外膜と内膜にはさまれた区画で，膜間スペースともよばれる。電子伝達系の一員であり，上に述べたようにアポトーシスに重要な役割を果たすシトクロム $c$ が存在する。そのほか，アデニル酸キナーゼなどの酵素も存在する。

### (3) 内膜

ミトコンドリアのエネルギー代謝のほとんどは内膜（inner membrane）とマトリックスで行われる。内膜はマトリックスに突出して櫛状またはひだ状のクリステ（cristae）を形成し，内膜の表面積を広げている。内膜には電子伝達系を構成するタンパク質複合体やATP合成酵素複合体が存在する。また種々の輸送体が存在し，マトリックス内の低

分子物質の組成を保っている。さらに，タンパク質の輸送に働く Tim (translocase of the inner membrane) 複合体がある。
(4) マトリックス

マトリックス (matrix) は内膜の輸送体の働きにより，細胞質ゾルとは異なる低分子組成を保っている。ミトコンドリアタンパク質のおよそ2/3がマトリックスに存在し，タンパク質濃度は大変高い。クエン酸回路や脂肪酸 $\beta$ 酸化系の酵素をはじめ，数百種類の酵素タンパク質が存在する。マトリックスにはまた，ミトコンドリア DNA および，その複製，転写，翻訳に関与する分子群が存在する。

(5) ミトコンドリアの数と形の多様性

ミトコンドリアの数と形は，細胞の種類やその活動状態によって大きく異なる。一般に，呼吸活性の高い組織・細胞ほどその数は多く，またクリステがよく発達している（図8-2；図2-10と比較せよ）。一方，特定の細胞では細胞内の特定の場所にあったり，特定の形をしている。例えば心筋細胞では，ATPを筋原線維に供給するために，多数のミトコンドリアが筋原線維に密に接して存在している（図8-2）。また精子では尾部の鞭毛の軸糸を取り巻くよう存在し，鞭毛運動にATPを供給している様子がうかがわれる（図8-3）。ステロイド合成の盛んな副腎皮質細胞や卵巣細胞では，ミトコンドリアのクリステは管状または袋状をしている（図8-4）。

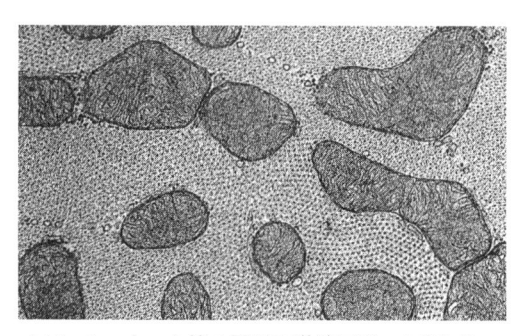

図8-2 ネコ心筋の電子顕微鏡写真　心筋細胞の横断像で，筋原線維間に多数のミトコンドリアが認められる。ミトコンドリア内にはクリステがよく発達している。（参考文献1より）

図8-3　ヤマネ精子の電子顕微鏡写真　精子の縦断像で，尾部の中間部で芯をなす軸糸の周りにミトコンドリアがらせん状に巻き付いている。（参考文献1より）

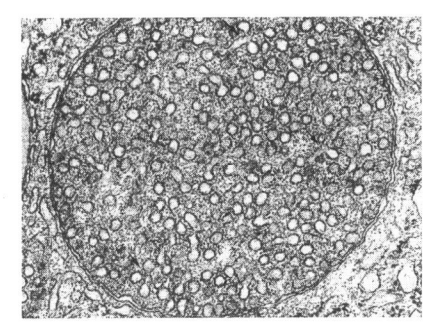

図8-4　ラット副腎皮質の電子顕微鏡写真　ステロイド合成細胞に共通して，管状のクリステが特徴的である。（参考文献1より）

## 4．アセチルCoAの生成とクエン酸回路

　ミトコンドリア内でのエネルギー代謝の概略を図8-5に示す。種々の呼吸基質は代謝されてアセチルCoAに集まる。すなわち，解糖で生

じたピルビン酸はミトコンドリアに運ばれ，ピルビン酸デヒドロゲナーゼ複合体によって酸化的脱炭酸を受け，アセチルCoAを生じる。脂肪酸は細胞質ゾルでまずCoAと結合して活性化されたアシルCoAとなり，ついでミトコンドリア内部に運ばれ，$\beta$酸化のサイクルを回りながら分解される。1回転ごとにアセチルCoA，NADH，$FADH_2$が生じる。一方，アミノ酸の炭素骨格の分解は個々のアミノ酸により異なるが，大半のものは分解されてアセチルCoAを生じる。

アセチルCoAは活性化された酢酸（活性酢酸ともよばれる）であり，クエン酸回路（citric acid cycle）またはトリカルボン酸回路（TCA cycle）により酸化される。クエン酸回路は8段階の酵素反応より成るが，まとめると次のようになる。

$$\text{アセチル CoA} + 3NAD^+ + FAD + GDP + Pi + 2H_2O$$
$$\longrightarrow 2CO_2 + 3NADH + FADH_2 + GTP + 2H^+ + CoA$$

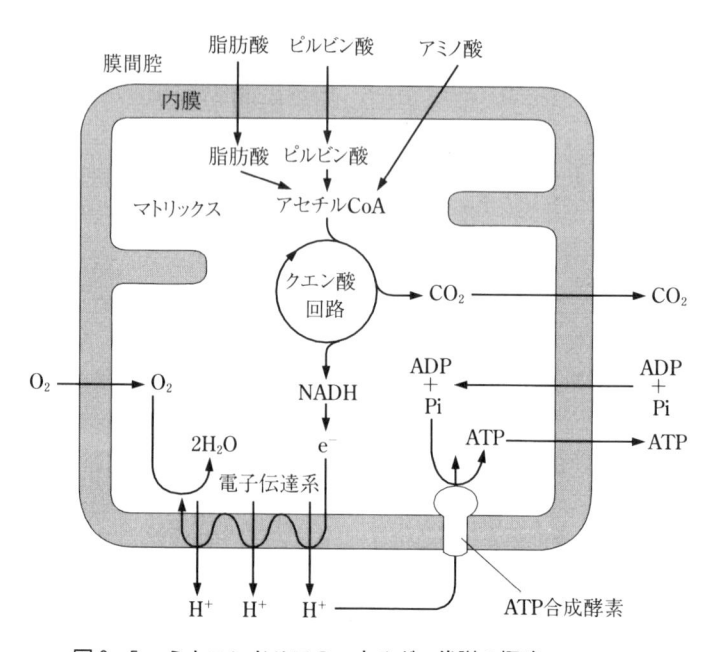

図8-5　ミトコンドリアのエネルギー代謝の概略

産生された NADH と FADH$_2$ は電子伝達系で酸化され，ATP 合成につながる。

## 5. 電子伝達系

電子伝達系（electron transport system）または呼吸鎖（respiratory chain）は内膜に存在し，複合体Ⅰ（NADH-ユビキノンレダクターゼ複合体），複合体Ⅱ（コハク酸デヒドロゲナーゼ複合体），複合体Ⅲ（シトクロム $bc_1$ 複合体）および複合体Ⅳ（シトクロム $c$ オキシダーゼ）より構成される（図8-6）。複合体ⅠとⅢおよびⅡとⅢの間の電子伝達は脂溶性のユビキノン（補酵素Q）で連結され，複合体ⅢとⅣの間は膜間腔に存在するシトクロム $c$ で連結されている。これらの複合体はいずれも，複数の異なるサブユニットを含む巨大複合体を形成している。複合体Ⅰは NADH を酸化してユビキノンを還元し，複合体Ⅱはコハク酸を酸化してユビキノンを還元する。複合体Ⅲは，こうして生じた還元型ユビキノン（ユビキノール）を酸化してシトクロム $c$ を還元する。最後に，複合体Ⅳが還元型シトクロム $c$ を酸化して H$_2$O を生じる。これらの反応において，電子は酸化還元電位の低い方から高い方へ向かって流れる。この過程で，複合体Ⅰ，Ⅲ，Ⅳの3か所においてプロトンがマトリックスから膜間腔へ向けて輸送され，こうして形成される電気化学的プロトン勾配が ATP 合成の駆動力となる（化学浸透圧説）。

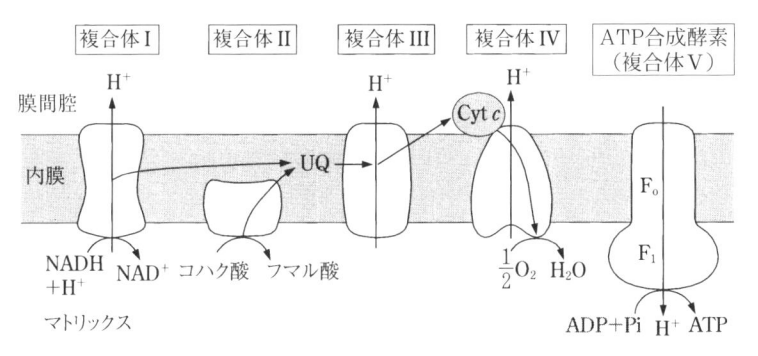

図8-6　電子伝達系（呼吸鎖）　電子伝達系は複合体Ⅰ～Ⅳより構成される。ATP 合成酵素（複合体Ⅴ）も示す。UQ はユビキノン，Cyt $c$ はシトクロム $c$

ロテノン（マメ科植物から得られる殺虫剤の成分），シアンイオン（$CN^-$），硫化水素（$H_2S$）などの毒物は電子伝達系の阻害剤であり，呼吸を停止させ，ときにはヒトを死に至らしめる．

## 6．酸化的リン酸化

電子伝達系で形成されるプロトン勾配は，電気的勾配（$\Delta\phi$）と化学的勾配（$\Delta$pH）より成る．プロトンはミトコンドリア内膜を通過することができず，ATP合成酵素のプロトン特異的チャネルを通ってマトリックスへ戻る駆動力を用いてATPが合成される（図8-5，8-6）．ATP合成（ADPのリン酸化）が呼吸基質の酸化と共役して起こることより，酸化的リン酸化（oxidative phosphorylation）とよばれる．

ATP合成酵素は$FoF_1$-ATPアーゼともよばれ，マトリックス側に存在してATPを合成する$F_1$と，内膜に埋め込まれてプロトンを伝達するFo（エフオー）の2つの機能単位から成る（図8-7）．$F_1$は$\alpha$3個，$\beta$3個，$\gamma$，$\delta$，$\varepsilon$各1個のサブユニットから成る．最近の研究により，プロトンがFo部分を通過するとFo部分と$\gamma$鎖が回転し，エネルギーが$F_1$の活性部位に伝えられてATPが合成されることが明かとなった．ミトコンドリアマトリックスで合成されたATPは，内膜に存在する ATP-

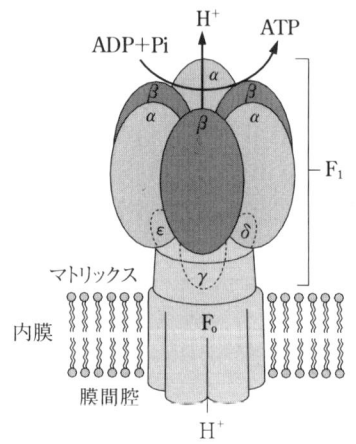

図8-7 **ATP合成酵素の模式図** 最近，$F_1$部分を用いてこの酵素の逆反応（ATP分解）を行わせると，$\gamma$鎖が回転することが証明された．正反応では回転してATPを合成する分子モーターと考えられる．

ADP 交換輸送体によって細胞質ゾルに運び出され，種々の反応に利用される。

## 7．グルコースの完全分解による ATP 産生

グルコース1分子が $CO_2$ と $H_2O$ に完全酸化されたときの ATP 産生を，表8-1にまとめた。細胞質ゾルでの解糖により ATP 2分子と NADH 2分子が生じる。ミトコンドリアマトリックスではピルビン酸2分子の酸化により NADH 2分子を，またクエン酸回路の反応により NADH 6分子と $FADH_2$ 2分子を産生する。一方，細胞質ゾルで生成した NADH の還元当量は，グリセロール-3-リン酸シャトルまたはリンゴ酸-アスパラギン酸シャトルによってミトコンドリアに運ばれて酸化されるが，どのシャトル系を利用するかにより，2分子または3分子の ATP を産生する。したがって，グルコース1分子の酸化により，合計約36または38分子の ATP を産生することになる。このうち嫌気的解糖で生成する ATP は，わずかに2分子である。好気的酸化がいかに効率が良いかがわかる。

表8-1 グルコースの完全酸化による ATP 産生

| 過程 | 直接産物 | 最終的 ATP 産生 |
|---|---|---|
| （細胞質ゾル） | | |
| 　解糖 | 2ATP | 2 |
|  | 2NADH* |  |
| （ミトコンドリアマトリックス） |  | 4 または 6** |
| 　ピルビン酸酸化 | 2NADH | 6 |
| 　（グルコースあたり2個） |  |  |
| 　アセチル CoA 酸化 | 6NADH | 18 |
| 　（グルコースあたり2個） | $2FADH_2$ | 4 |
|  | 2GTP（または ATP） | 2 |
| グルコース1分子あたりの合計 |  | 36 または 38** |

\*　解糖で生じる NADH の還元当量はミトコンドリアに運ばれて酸化される。
\*\*　この数は細胞質ゾルからミトコンドリアマトリックスに還元当量を運搬するのにどのシャトル系が利用されるかに依存する。

## 8. ミトコンドリア DNA

　ミトコンドリアは独自の DNA と，それを複製したり転写・翻訳したりする系を備えている。ミトコンドリア DNA（mtDNA）は細胞分裂に共役して複製し，ミトコンドリアは分裂により数を増し，娘細胞に分配される。動物細胞では1個のミトコンドリアに数コピーの mtDNA が存在する。したがって，細胞あたり数百〜数千コピー存在していることになる。

　哺乳動物の mtDNA は 16.6 kb の環状二重鎖 DNA である（図8-8）。核染色体 DNA とは大きく異なり，遺伝子はイントロンを含まず，遺伝子間のスペーサーもほとんどなく，遺伝子は全ゲノム上に隙間なく並んでいる。mtDNA は2種のリボソーム RNA，22種の転移 RNA と13種のポリペプチドの遺伝子の合計37種の遺伝子をコードしている。ポリペプチドはすべて電子伝達系および ATP 合成酵素のサブユニットで，内膜に存在する。

　ミトコンドリア脳筋症は mtDNA の変異によって起こる。この病気では大量のエネルギーを必要とする骨格筋，心筋，中枢神経系が強く冒され，筋力低下，易疲労性や種々の中枢神経症状が現れる。患者の細胞では正常 mtDNA と変異 mtDNA が混在し（これをヘテロプラスミーとよぶ），変異 mtDNA の割合が一定の閾値を越えると発症すると考えられる。mtDNA は母親を通して遺伝するので（母性遺伝），ミトコンドリア脳筋症も原則として母性遺伝する。

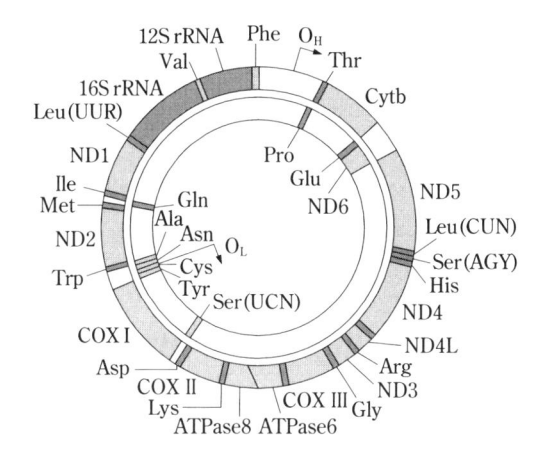

**図 8-8 ヒトのミトコンドリア DNA の構造** 外側は H 鎖（重鎖）DNA，内側は L 鎖（軽鎖）DNA を示す。ND1～6 は複合体 I のサブユニット，COX I～III は複合体IVのサブユニット，ATPase6, 8 は ATP 合成酵素のサブユニットを示す。22 種類の tRNA は濃いアミのブロックで示す。ロイシン（Leu）とセリン（Ser）の tRNA だけは 2 種類ある。$O_H$ および $O_L$ は H 鎖および L 鎖の複製開始点である。

## 9. 葉緑体と光合成

動物はエネルギー源を植物に依存し，植物は太陽のエネルギーを利用して光合成（photosynthesis）を行い，有機物を合成している。すなわち，地球上のすべての生命は光合成によって支えられている。光合成を行う生物は植物，藻類，光合成細菌である。これらの生物は，太陽光のエネルギーを使って大気中の $CO_2$ を有機化合物に変換するとともに，$O_2$ を大気中に放出する。植物では光合成は葉緑体（chloroplast）で行われる。

葉緑体はすでに第2章で述べたように，外包膜と内包膜の2枚の包膜で包まれており，ミトコンドリアと似ている。しかしミトコンドリアと大きく異なるところは，内包膜に包まれたストロマ（ミトコンドリアのマトリックスに相当する）の中にチラコイド膜とよばれる第3の膜系があることである。そして，このチラコイド膜上に光捕捉系や電子伝達系，ATP合成酵素が存在する。

光合成反応におけるチラコイド膜の電子の流れを，図8-9に示す。太陽光のエネルギーがチラコイド膜上の光化学系に存在する光合成色素クロロフィルを活性化し，電子伝達系を通って電子を移動させる（明反応）。この電子伝達系はミトコンドリアのものとよく似ている。光化学系II複合体に存在するクロロフィルによって捕捉された光エネルギーは水分解酵素に伝えられて水から電子が引き抜かれ（このとき$O_2$が生じる），この電子が電子伝達系を経てNADP還元酵素に渡され，$NADP^+$を還元してNADPHを生じる。この電子伝達系の光化学系Iの段階で，再び光エネルギーの捕捉によって電子が励起される。また，シトクロム$b_6 f$複合体の段階でプロトンがストロマからチラコイド内腔に取り込まれ，水の酸化で生じたプロトンとともに電気化学的プロトン勾配が形成される。このプロトン勾配は，同じチラコイド膜にあるATP合成酵素

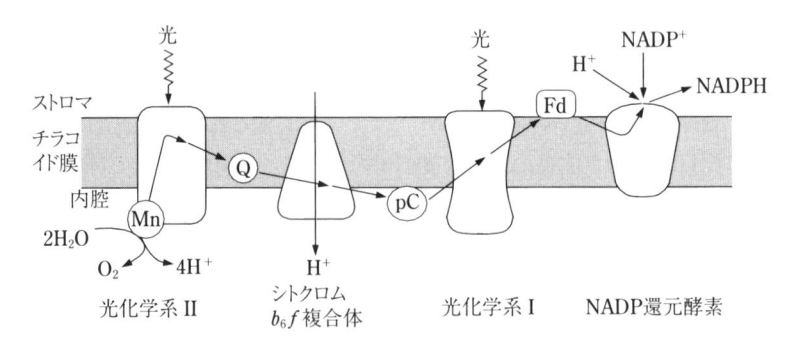

図8-9　光合成におけるチラコイド膜で起こる電子の流れ　シトクロム$b_6 f$複合体はミトコンドリアのシトクロム$bc_1$複合体とよく以ていて，$H^+$の取り込みが起こる。ここで取り込まれた$H^+$と水の酸化で放出された$H^+$により電気化学的プロトン勾配が形成され，同じチラコイド膜にあるATP合成酵素を駆動してATPを合成する。Mn, 水分解酵素；Q, プラストキノン；pC, プラストシニアン；Fd, フェレドキシン

を駆動して ATP を合成する。

　光合成の明反応によって生成した ATP と NADPH はストロマで炭酸固定反応に用いられ，糖や脂肪酸，アミノ酸などが合成される（暗反応）。

● 参考文献
1) Fawcett 著「The Cell」W. B. Saunders Co.（1981）．
2) 石川春律他編「分子・細胞の生物学 II」（岩波講座・現代医学の基礎 2）岩波書店（2000）．
3) L. Stryer 著，入村達郎他訳「ストライヤー生化学」第 5 版，トッパン（2004）．
4) D. Voet, J. Voet 著，田宮信雄他訳「ヴォート生化学」第 3 版（2005）．
5) R. K. Murray 他著，上代淑人監訳「イラストレイテッド・ハーパー生化学」丸善（2003）．
6) 内海耕造，井上正康監修「新ミトコンドリア学」共立出版（2001）．
7) 中沢透，浅見行一著「ミトコンドリア」第 2 版，東京大学出版会（1995）．
8) 瀬名秀明，太田成男著「ミトコンドリアと生きる」角川書店（2000）．

〈練習問題〉
1. グルコースの完全分解による ATP 合成経路の概略を細胞内区画を含めて述べよ。
2. 基質レベルのリン酸化について簡単に述べよ。
3. 呼吸で取り入れた $O_2$ は主としてどの反応で用いられ，排出される $CO_2$ はどの反応で生じるか。
4. 青酸カリでヒトが死ぬのはなぜか。
5. ミトコンドリア DNA の変異や欠失によるミトコンドリア脳筋症ではなぜ主として脳と筋肉が冒されるのか。

ID # 9

# 細胞骨格と細胞運動

永田 和宏

　本章では，細胞の形づくりの基本となる，細胞骨格について勉強をする。細胞骨格という名前からはじっと動かない静的なイメージを持ちがちだが，実は細胞骨格をつくっているタンパク質は，時々刻々その動態を変える極めて動的な構造体である。細胞骨格は，細胞の運動，細胞内のさまざまな物質の輸送，細胞分裂あるいは植物では原形質流動などに直接かかわり，細胞の生存そのものに重要な働きをしている。太さの異なる3種類のフィラメントから成る細胞骨格について，その構造と機能を概説する。

## 1. ミクロフィラメント

　細胞骨格を形成しているフィラメントは，その太さから3つに大きく分けることができる。最も細いフィラメントは，直径 6nm のミクロフィラメント，最も太いフィラメントが直径 24nm の微小管，その中間の太さをもったものが中間径フィラメントである。
　図9-1は，培養繊維芽細胞をそれぞれ中間径フィラメントのサイトケラチン，微小管のチューブリン，ミクロフィラメントのアクチンに対する抗体で染色し，蛍光によって可視化したものである。ミクロフィラメントはストレスファイバーとよばれる繊維構造をつくり，繊維芽細胞では，一方向に並んで見える。中間径フィラメントは，核のまわりを取り囲むように存在し，細胞の周辺部へ繊維を伸ばす。核と細胞質をつなぎ，膜を支持したり，核の位置を決めたり，細胞の形を保つ働きをして

いる。微小管は核の近くにある中心体とよばれる構造から細胞の周辺部へ伸び，繊維芽細胞では中間径フィラメントとよく似た分布をする。

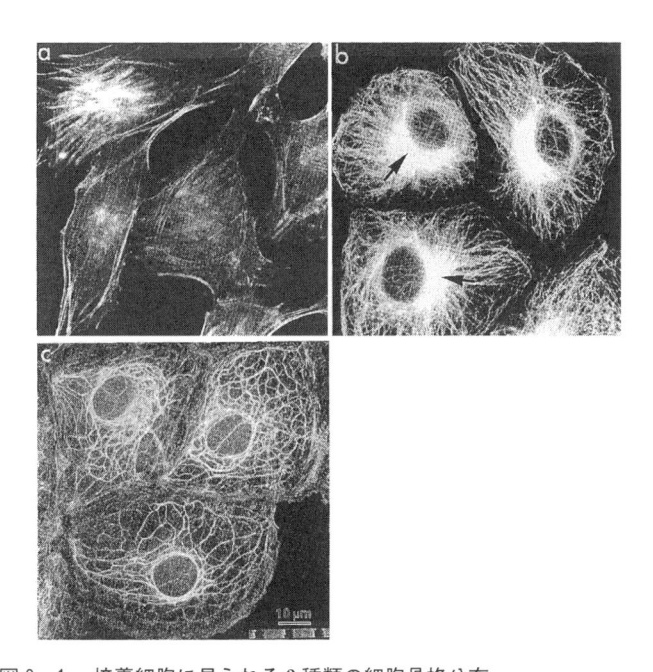

図9-1　培養細胞に見られる3種類の細胞骨格分布
抗体などの特異的試薬により蛍光染色し，蛍光顕微鏡で観察したもの。
a：アクチンフィラメント　b：微小管　c：サイトケラチンタイプの中間径フィラメント　（a：国立循環器病センター研究所・増田道博士原図　b, c：E.R.McBeath博士原図）。矢印は中心体の位置を示す。

(1) アクチンの重合

アクチンには，GアクチンとFアクチンの2つの状態が存在する。Gアクチンは41kDaの大きさの単量体の球状分子であり，Fアクチンはそれが繊維状に重合したものである。重合の様子を図9-2に示す。Gアクチンは，まず3個の分子から成る重合の核をつくり，その核を中心にして，左右に伸びてゆく。一方の端では，重合の速度が速く，一方の端では重合の速度が遅い。したがってFアクチンの伸長方向は，左右対称

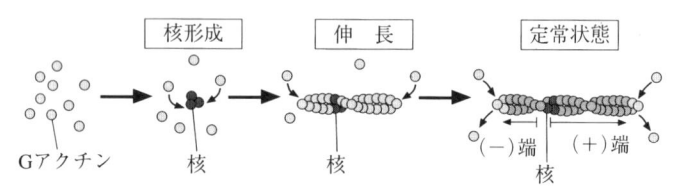

図9-2　アクチンの重合

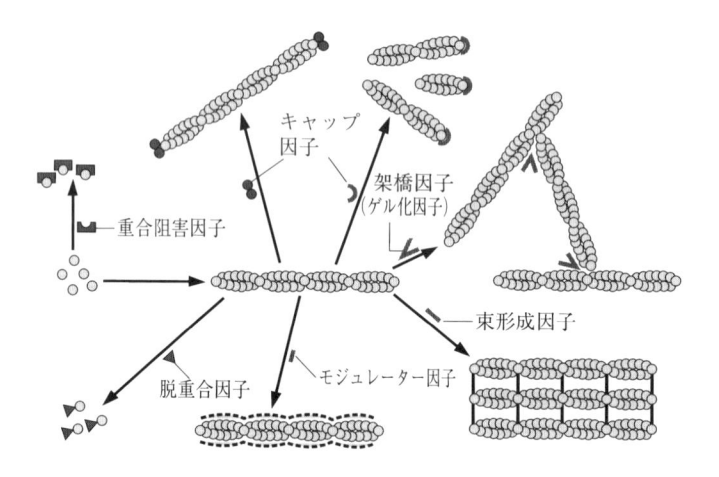

図9-3　アクチン結合タンパク質

ではない。重合の速い端を＋端，遅い端を－端とよび，結果的に重合は－端から＋端方向へ進行する。

このようなアクチン繊維の重合を調節したり，あるいはアクチン繊維間の結合にかかわるさまざまなアクチン結合タンパク質が知られている。その代表的なものを図9-3に示す。単量体アクチンに結合して重合を阻害したり重合を促進する因子，あるいはFアクチンからの脱重合を促進させる因子，アクチン繊維の両端あるいは片方の端に結合して重合や脱重合を阻害する因子，またアクチン繊維同士をつなぐことによってアクチン繊維の立体的な構造をつくるのに寄与する架橋因子，アクチン繊維を束ねてストレスファイバーなどをつくらせる束形成因子などさまざまなものが知られている。

## (2) ミクロフィラメントとミオシン

ミクロフィラメントの細胞内での働きを理解するために，ミクロフィラメントすなわちアクチンフィラメントが最も整然とした構造をもっている筋肉を例に考える。私たちが運動するときは，必ず筋肉の収縮を伴った運動が必要になる。筋肉には大きく分けて3つの種類がある。運動するときに必要な骨格筋，心臓のはく動を行う心筋，そして平滑筋である。平滑筋は内臓や血管壁などにあって，その動きは私たちの意志に従わないことから，不随意筋ともよばれる。この筋収縮の仕組みを骨格筋を例にして説明する。

図9-4に見られるように，骨格筋ではアクチンから成る細い繊維と，ミオシンから成る太い繊維の2種類の繊維が規則正しく並んでいる。アクチン繊維の間に，太いミオシン繊維が入り込むように並び，この2つの間には架橋構造が見られる。この架橋をしているのがミオシン分子の頭部である（図9-9参照）。ミオシン頭部にはATPase活性があり，ATPを分解する際に生じる化学エネルギーを力学的エネルギーに変え

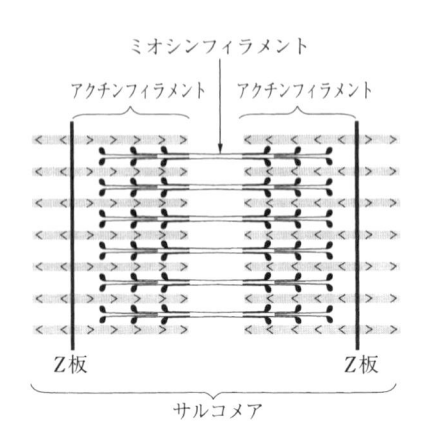

図9-4　筋収縮の仕組み

ることによって，細いフィラメントの上を太いミオシンフィラメントが滑る。この滑りによって，アクチンフィラメントにつながっているZ板が引き寄せられ，筋肉の収縮が起きる。

(3) **非筋細胞でのミクロフィラメント**

このような筋肉でのアクチン繊維とミオシン繊維との滑りによる力の発生，筋収縮の仕組みは，筋肉以外の細胞，すなわち非筋細胞の中でも働いている。

非筋細胞におけるアクチンフィラメントの働きは，**表9-1**にまとめた通りである。細胞は常にアメーバのような運動をしている。特に培養細胞では，アメーバ様運動によって細胞は活発に移動する。この細胞運動には，筋肉細胞において述べたように，ミオシンとアクチンフィラメントの間の相互作用が運動を起こさせる力になっている。また運動の前方では，アクチンフィラメントの働きによって，ラフリング膜がつくられ，これが網を打つように前方に広がる。アクチンフィラメントが架橋

表9-1 アクチンフィラメントの働き

| |
|---|
| 1. 細胞運動（アメーバ運動）<br>　● アクチンフィラメントのゲル-ゾル変換<br>　● ミオシンとの相互作用 |
| 2. 細胞の構造を調節する<br>　● 細胞膜を裏打ちする網目構造の形成<br>　● 微絨毛 |
| 3. 細胞質分裂<br>　● 収縮環の収縮 |
| 4. 管腔形成 |
| 5. 原形質流動（植物細胞） |
| 6. 精子の先体反応 |

によって調節されるゲル-ゾル変換も細胞運動にとって重要である。運動の前方ではゲル化によって足場を形成され，後方ではゾル化が起こって，流動性を増したアクチンを含む溶液が細胞の先端側に引き寄せられる。このようなゲル-ゾル変換とミオシンとの滑りによって細胞運動が行われる。

　アクチンフィラメントの第二の作用は細胞の構造の形成である。主としてミクロフィラメントと細胞膜との架橋により，膜が特定の形に保持される。そのことによって細胞はその形態を決定する。例えば図9-5に見られるように小腸上皮細胞の微絨毛（microvilli）においては，絨毯のように密集したmicrovilliがbrush borderとよばれる表面をつくり，小腸の管壁に面して多くの突起を伸ばしている。このことによって表面積を増大させた小腸上皮細胞は効率的に栄養を摂取する。microvilliの内側には，アクチンフィラメントが束になって並び，それらの繊維間が架橋され，繊維と膜との間にも架橋が観察される。

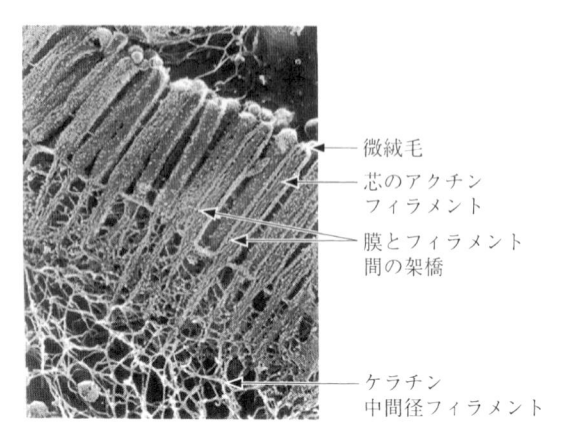

図9-5　小腸上皮細胞の微絨毛におけるアクチンフィラメント
（東京大学　廣川信隆博士提供）

微絨毛
芯のアクチンフィラメント
膜とフィラメント間の架橋
ケラチン中間径フィラメント

　細胞の分裂は細胞の一生にとって最も大切なイベントであるが，細胞分裂は染色体が2つに分離する過程と，それに引き続いて起こる細胞質分裂の2つのイベントが連続して起こる。このうち細胞質分裂には，アクチン繊維が必須の役割を果たす。図9-6Aに見られるように，染色体がそれぞれの極に引き寄せられた後，細胞質が2つに分かれることを細胞質分裂とよぶ。分裂が始まる前にはアクチンフィラメントの重合が起こり，細胞を取り囲むはちまきのようにフィラメント束が形成される。これを収縮環とよぶ。収縮環にはミオシンフィラメントも平行に走っており，筋収縮と同じようにアクチンとミオシンの2つのフィラメント間に滑りが起こって収縮環が短縮し，分裂溝（cleavage fullow）を形成する。細胞はこのような収縮環の収縮によって2つに分裂する。同じような仕組みでアクチン繊維が働くのは，管腔の形成である。生体には消化管，神経管，血管など多くの管が存在するが，これらの管構造の形成にもアクチンフィラメントが関与する。上皮細胞は1枚のシートのように

体表面を覆っているが，上皮細胞のアピカル側（上面）には，それぞれの細胞をはちまきのようにアクチンフィラメントが取り囲んでいる。このアクチンフィラメントの収縮によって，図9-6Bに示すように上皮細胞層のアピカル側がくびれ，ついにはくぼみから管腔を生じることになる。巾着の紐をしぼるようにして管腔ができる。このようにアクチンフィラメントは，上皮からさまざまな管腔構造をつくるのにも寄与している。

アクチンフィラメントはこのほかにも植物においては，原形質流動とよばれる現象を引き起こす。植物細胞の細胞質ゾルは，一方向に原形質流動という流動現象を起こしている。細胞壁の内側には葉緑体がすき間なく並んでいるが，葉緑体にアクチンフィラメントが固定されており，このフィラメント上を原形質ゾル中のミオシン分子が滑っていく。この

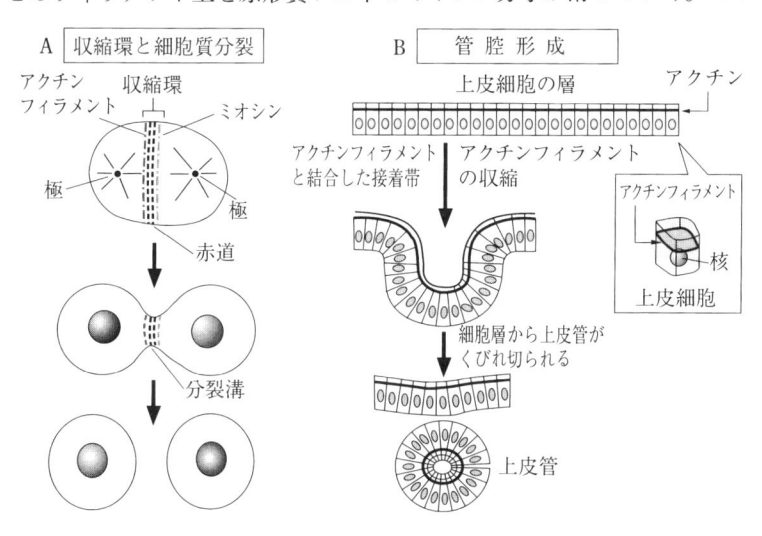

図9-6　A：収縮環と細胞質分裂，B：管腔形成

ことによって一方向の原形質流動が起こる。毎秒数 $\mu$m 程度の速度をもって流れている運動は、顕微鏡で直接観察することができる。

また受精に際しては、精子が卵子に接触すると、精子が突起を伸ばすことが知られている。これを先体反応というが、この先体反応においてもアクチン繊維の急激な重合によって先体が伸びることが知られている。

## 2. 微小管

### (1) 微小管の重合

細胞内の最も太い繊維は微小管である。直径は24nm ほどである。微小管は $\alpha$, $\beta$ という2つのチューブリン分子からできている。$\alpha$ チューブリンと $\beta$ チューブリンは、常に2量体として存在している。図9-7に見られるように、$\alpha$, $\beta$ のダイマーは順番に重合してプロトフィラメントをつくるが、その際、プロトフィラメントが側面同士で結合して、13本のプロトフィラメントから成るシート構造を形成する。プロトフィ

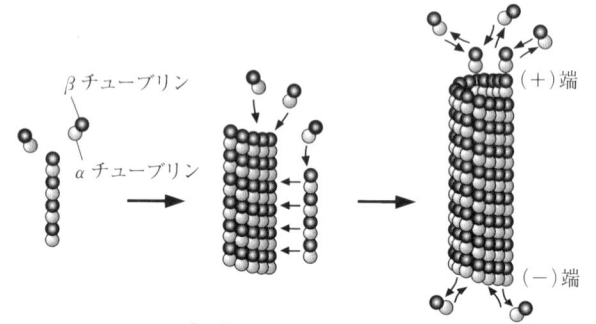

図9-7 微小管の形成

ラメントのシートは丸く管をつくり，さらにその端に α，β チューブリンのダイマーが順々に結合していく。この際にもアクチンフィラメントの重合と同じように，＋端と－端があり，微小管には方向性が生じる。微小管の重合には，GTP の結合と GTP の加水分解が重要な調節を果たしている。

### (2) 微小管の方向性と細胞内輸送

　細胞内での微小管には方向性がある。多くの細胞には1対の中心小体から成る中心体が1個存在する。この中心体から微小管が細胞の周辺方向に放射状に伸びているのが観察される。間期の細胞では，中心体を微小管の－端とし，細胞の周辺を微小管の＋端とした配向が見られる（図9-8）。分裂時には2つの紡錘体極を微小管の－端とした微小管の整然とした配向が見られる。微小管の＋端には染色体が結合し，この染色体を結合した微小管を紡錘糸微小管という。

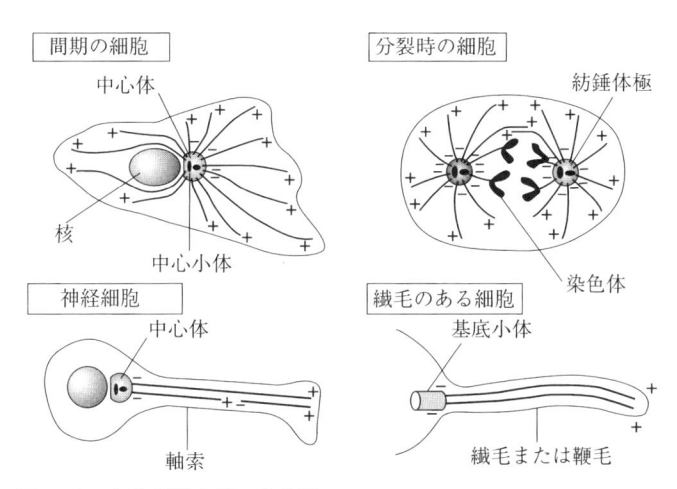

図9-8　細胞質微小管の方向性

微小管は細胞の構造にとって重要であるだけでなく，その上をモータータンパク質が走るレールの役割をしていることにおいても極めて大切なフィラメントである。アクチンから成るミクロフィラメントに対するモータータンパク質は，ミオシンである。一方，微小管の上を走るモータータンパク質には大きく分けて，キネシンとダイニンという2つのタンパク質がある（図9-9）。

　キネシンもミオシンもいずれもATPの加水分解活性をもった頭部ドメインをもち，コイルドコイル構造から成る長い尾をもっている。ミオシンは頭部でアクチンフィラメントに結合する。一方，キネシンやダイニンでは，頭部で微小管に結合し，尾の先端で輸送小胞を結合させる。頭部で微小管の上を走りながら，輸送小胞を輸送する。キネシンとダイニンには微小管の上を走る方向性に差がある。キネシンは−端から＋端へ走り，ダイニンは＋端から−端へ走る。キネシンを順行性輸送，ダイニンによる輸送を逆行性輸送とよぶ。キネシンとダイニンを使い分けることによって，細胞は各種小胞を細胞の中心から周辺へ，また逆に周辺か

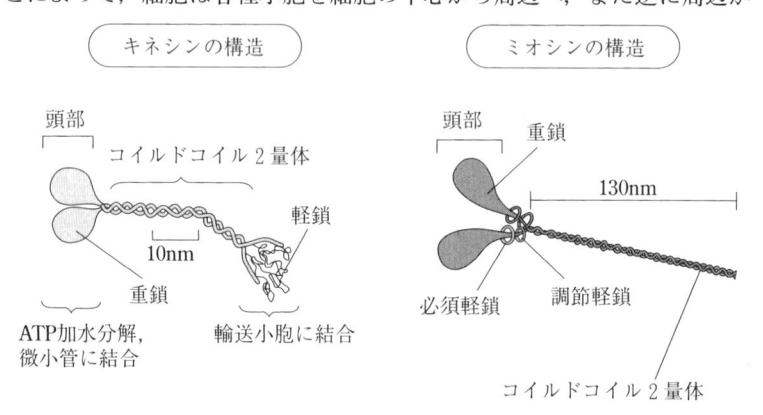

図9-9　細胞内輸送とモータータンパク質

ら中心部へと運んでいる。

### (3) 細胞分裂と微小管

　微小管は，細胞分裂においても必須の役割を果たしている（図9-10）。間期（$G_2$期）に出現した2つの中心体から微小管が伸び，微小管の先は姉妹染色分体の動原体に結合する。分裂前期には，微小管の伸長にあわせて動原体は中央付近に並ぶ。分裂中期から後期にかけて，姉妹染色分体は2つの紡錘体極に引き寄せられ，やがて分裂終期には細胞質分裂に伴って，均等に分けられた染色体を囲むように核が形成される。

　微小管は，染色体に結合した＋端で，重合や脱重合が起こり，また微小管に結合した染色体は，モータータンパク質によって引っ張られたり，押しやられたりして，主としてこれら2つの方法，重合・脱重合とモータータンパク質による移動によって，染色体の整列・分離が行われている。

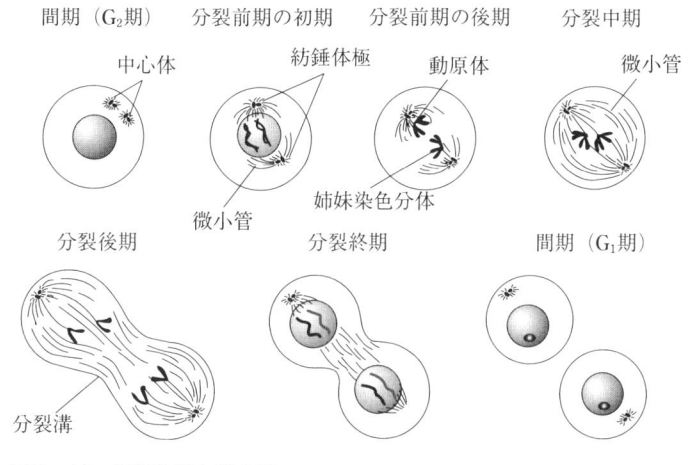

図9-10　細胞分裂と微小管

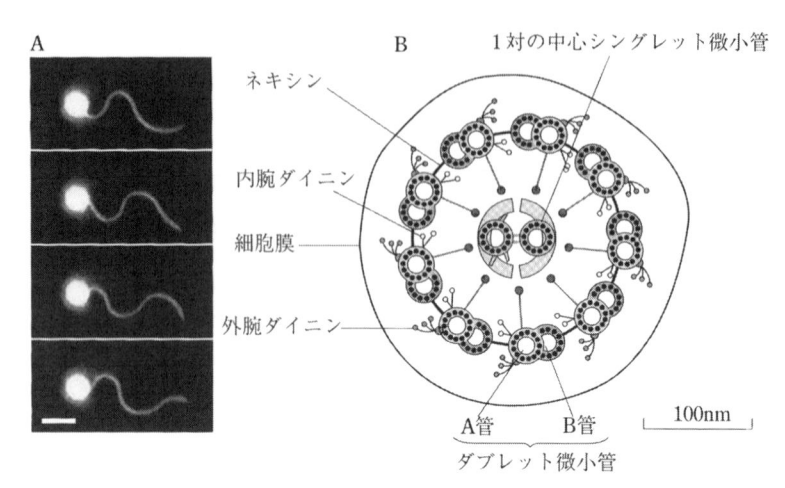

**図 9-11 精子の鞭毛運動と精子尾部の断面** バフンウニ精子の鞭毛運動。鞭毛は 1 秒間に約 40 回という速さで周期的屈曲運動を行う。屈曲は鞭毛の根元でつくられ、鞭毛にそって後方（写真の右方向）へと伝えられる。暗視野照明で記録しているため、頭部は実際より大きく見える。左下のバーは、10 マイクロメーター。（東京大学　真行寺千佳子博士提供）

　微小管の関与する細胞の運動として次に重要なものは、繊毛や鞭毛の波打ち運動である。精子の鞭毛運動はその代表的な例である（図 9-11 A）。精子はその長い尾を波のように運動させることによって、泳ぎ回りやがて卵子に到達する。この精子の尾の断面を示したものが図 9-11 B である。鞭毛には中心に 1 対のシングレット微小管が対になって並び、その周辺に 2 つの微小管がダブレット微小管として、9 対並んでいる。このダブレット微小管同士は、主としてネキシンとよばれるタンパク質から成る架橋構造によってつながれている。各微小管の間は外腕ダイニンと内腕ダイニンという 2 つのダイニンによって、それぞれの微小管同士の間に滑り運動が起こる。この力によって鞭毛の屈曲が起こり、波打ち運動を起こす。

## 3. 中間径フィラメント

　直径 6nm のミクロフィラメント，24nm の微小管の中間の太さをもった中間径フィラメントは，直径約 10nm であり，10nm フィラメントとよばれることもある。ミクロフィラメントや微小管の研究に比べて，中間径フィラメントは十分に研究が進んでいるとは言えない。しかし，ある種の細胞，例えば上皮細胞や神経細胞の軸索などでは，ミクロフィラメントや微小管より 10 倍以上もの量が存在する重要な構成成分である。

　ミクロフィラメントはアクチンという 1 つのタンパク質の重合によって形成されている。微小管は $\alpha$，$\beta$ チューブリンのダイマーによって構成されている。一方で中間径フィラメントは，多くの種類の構成成分がホモの重合体をつくる。それぞれの分子は細胞によって，その構成成分が異なっている。表 9-2 に見られるように，上皮細胞においては主としてケラチンが，間葉系細胞ではビメンチン，筋細胞ではデスミン，グリア細胞ではグリアフィラメント，そして神経細胞ではニューロフィラメントが，その主な構成成分である。真核細胞の細胞核は，ラミンから成る核ラミナとよばれる中間径フィラメントによって覆われている。

　中間径フィラメントの重合様式は，アクチンや微小管の場合とはかなり異なっている（図 9-12）。ケラチンやデスミンなど中間径フィラメントを構成するタンパク質の単量体は，ほぼ 46nm の長さをもっている。これが 2 本らせん状にからまりあって，平行 2 量体をつくるが，この平

表 9-2　中間径フィラメントと組織分布

| | |
|---|---|
| ケラチンフィラメント | 上皮細胞 |
| ビメンチンフィラメント | 間葉系細胞 |
| デスミンフィラメント | 筋細胞 |
| グリアフィラメント | グリア細胞 |
| ニューロフィラメント | 神経細胞 |
| 核ラミナ | 真核細胞核 |

行2量体が2本逆平行に並んで，4量体を形成する。この4量体の両端は少しずれているので，このずれをのりしろとして，4量体が順番に縦につながれていく。これが中間径フィラメントのプロトフィラメントである。プロトフィラメントが4本互いにらせん状に寄り集まって直径が10nmから成る中間径フィラメントを形成する（図9-12）。

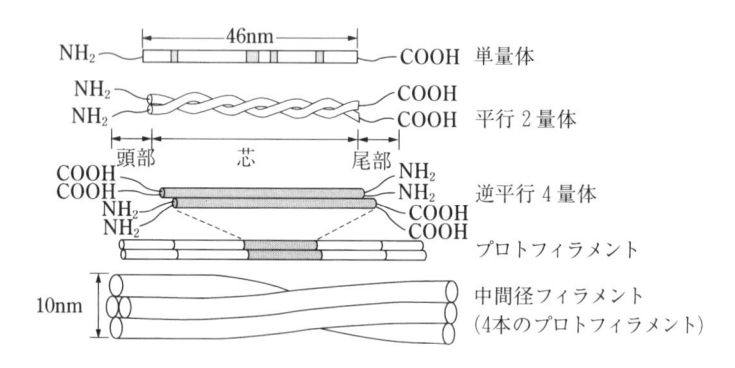

図9-12 中間径フィラメントの形成

中間径フィラメントの繊維芽細胞における分布は，図9-1に示したように，核を取り囲むように，そして網目状にサイトゾル全体を覆っている。一方，上皮細胞においては，図9-13の模式図に示すように，膜

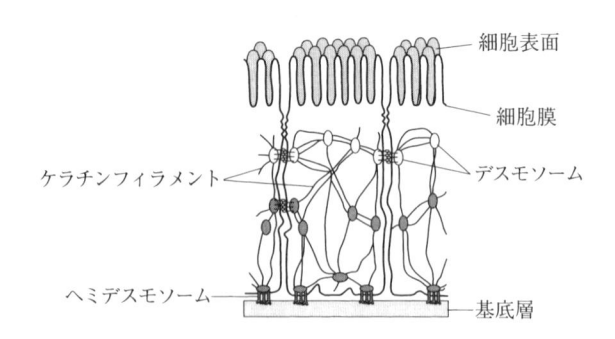

図9-13 中間径フィラメントは細胞の構造を保つ

から膜へ梁（はり）のように張りめぐらされている。中間径フィラメントが膜へ結合するのは，デスモソームとよばれる構造を通じてである。デスモソームは細胞と細胞との間をボタンのように接着させている構造である。デスモソームの役割については，第13章の細胞間接着のところで学ぶことになる。上皮細胞に存在する中間径フィラメントは，ケラチンから成るケラチンフィラメントである。ケラチンフィラメントはデスモソームの間をつないでいる。細胞と細胞との間はデスモソームのボタンによって留められているが，細胞と細胞外マトリックスの間の接着構造は，ヘミデスモソームである。デスモソームあるいはヘミデスモソームの間を，ケラチンフィラメントは縦横につなぎ，細胞の形態維持に貢献している。

## 4. おわりに

本章では，細胞骨格と呼ばれる3種類の繊維構造の出来方と，その役割について，勉強してきた。細胞骨格，特に骨格などというとずいぶん静的なイメージをもちがちで，がっしりとした動きのない構造のように思われるが，実際にはそれぞれの繊維は重合と脱重合を繰り返し，またフィラメントの間の会合を調節したり，滑りあったり，時々刻々その状態を変化させている極めて動的な構造体である。また，細胞を支えてその構造を決めるという役割のほかに，細胞の運動や細胞内の物質輸送，細胞内のオルガネラの輸送などに重要な役割をもち，細胞の分裂にも必須の役割を果たしている。このような重要な機能の役割分担のために，3つの太さの異なるフィラメントを用意している。特にアクチンフィラメント，微小管にはそれぞれモータータンパク質とよばれるタンパク質が存在し，それらの繊維をレールとして，細胞内の種々の物質輸送や滑り運動を介した細胞運動に大きな役割を果たしている。わが国において

は，筋肉の研究において世界をリードする多くの重要な発見がなされた。その流れを継いで，細胞骨格の分野でも世界的に重要な仕事が進められている。

● 参考文献
1) B. Alberts 他著，中村桂子他監訳「細胞の分子生物学」第3版，教育社（1996）.
2) H. Lodish 他著，野田春彦他訳「分子細胞生物学」第4版，東京化学同人（2001）.
3) 石川春律他編「分子・細胞の生物学Ⅱ」（岩波講座・現代医学の基礎2）岩波書店（2000）.
4) 永田和宏他編「細胞生物学」東京化学同人（2006）.

〈練習問題〉
1. 細胞骨格を担っている3つのフィラメントを細い方から順に並べ，その直径を記せ。
2. 細胞骨格を担っている3つのフィラメントのうち，単量体がフィラメントの端に順に結合して重合するものはどれか。
3. 細胞骨格を担っている3つのフィラメントのうち，細胞内輸送のためのレールに成り得るものはどれか。
4. 細胞骨格を担っている3つのフィラメントのうち，鞭毛運動に関与するものはどれか。
5. 細胞骨格を担っている3つのフィラメントのうち，上皮細胞による管腔形成に関与するものはどれか。
6. 細胞骨格を担っている3つのフィラメントのうち，染色体の分配に関与するものはどれか。

# 10 細胞のシグナル伝達

河野　憲二

　単細胞生物でも多細胞生物でも，細胞は外界や近隣の細胞から情報を得，また自身も情報を発信し周囲と情報交換をしながら全体として協調しながら生きている。ここでは，細胞外から来た情報がどのように受信され，細胞内に伝えられていくのか，その仕組みを学ぶ。

　細胞外シグナル分子は大きく2つに分けることができる（図10-1）。1つは疎水性の低分子で，拡散により細胞膜を透過し細胞内にある受容体と結合してその機能を発揮する分子である。2つ目のグループは細胞

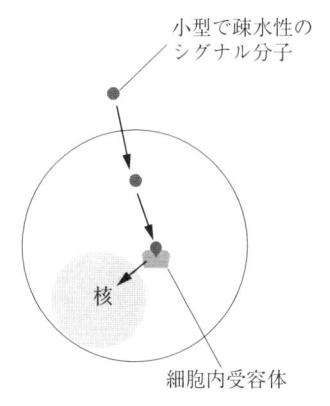

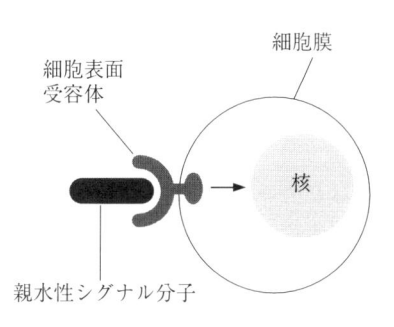

**図10-1　細胞外のシグナルを細胞内に伝える2つの方法**
(A)　細胞膜を通過し細胞内受容体を利用する
(B)　細胞表面の受容体を利用する
((参考文献1) 16-9を改変)

膜を透過できない親水性の大型のシグナル分子で，多くのシグナル伝達はこれらの分子によって行われている．このシグナル分子の受容体は標的細胞の細胞膜にある膜貫通型タンパク質で，細胞外部の情報を膜を越えて細胞内に伝える．

## 1. 細胞膜を通過するシグナル分子（図10-1A）

　疎水性のシグナル分子としてステロイドホルモンと甲状腺ホルモン（チロキシン），ビタミンAやD，一酸化窒素などが挙げられる．ステロイドホルモンは，コレステロールの誘導体であり，卵巣・精巣などから分泌されるエストラジオールやテストステロンに代表される性ホルモン，副腎皮質から分泌されるグルココルチコイドなどがあり，いずれも細胞膜を通過し，細胞質や核にある特異的受容体と結合する．これらの受容体は転写因子であり，直接標的遺伝子を活性化する．ここでは脂溶性リガンド受容体であるグルココルチコイド受容体のシグナル伝達機構を紹介する．

　グルココルチコイド受容体は通常熱ショックタンパク質であるHsp90と結合し細胞質ゾルに存在しているが，グルココルチコイドと結合するとHsp90を解離し活性型の2量体を形成し核内に移動して機能する（図10-2）．これらのホルモンの受容体は遺伝子の転写調節因子である．リガンドが結合すると大きな構造変化を起こしDNAの特定の配列にはじめて結合できるようになり，特定の遺伝子の転写が促進，あるいは阻害される．同じファミリーに属するステロイド受容体の多くは核内にあり，互いに構造と機能が似ており核内受容体ファミリーを形成している．受容体分子中央には各受容体固有の標的遺伝子発現を調節するためのDNA配列を認識結合する領域があり，2つのジンクフィンガー（DNAに結合する領域がつくるタンパク質の立体構造の1つ）を有して

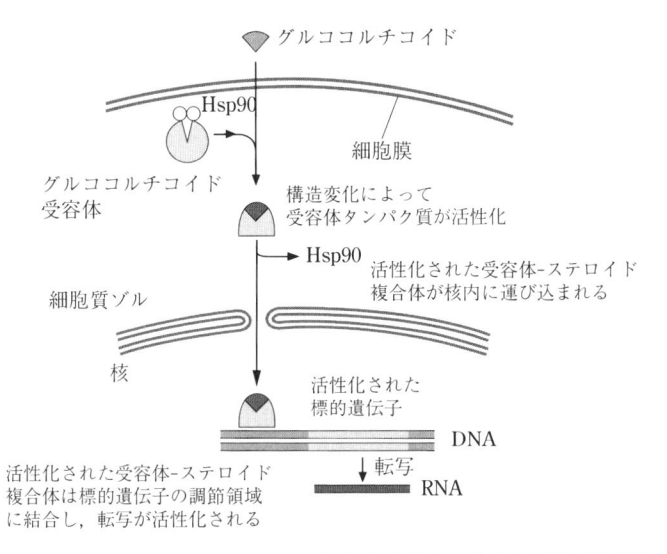

**図10-2　ステロイドホルモンは細胞内受容体に結合し遺伝子発現を制御する**（(参考文献1) 図16-12を改変）

いる。脂溶性リガンド結合部位はC末端側にあり，リガンド結合依存的に構造変化を起こし，転写共役活性化因子（コアクチベーター）が結合することにより転写制御を行っている。ビタミンAやD，チロキシンの受容体もこのファミリーに属している。

## 2．細胞膜にある受容体を介したシグナル伝達

　脂溶性ホルモンとは異なり，シグナル分子の多くは親水性のタンパク質やペプチドなどの水溶性分子で，標的細胞の細胞膜を通過することはできない（図10-1B）。これらのシグナルを細胞内に伝えるために，細胞膜受容体タンパク質があり，図10-3に示すように多くの受容体は，

イオンチャネル連結型受容体（ion-channel-linked receptor），Gタンパク質連結型受容体（G-protein-linked receptor），酵素連結型受容体（enzyme-linked receptor）の3つに大別される。

(1) **イオンチャネル連結型受容体（図10-3A）**

イオンチャネル連結型受容体はリガンドが結合すると受容体に構造変化が引き起こされ，特定のイオン（$Na^+$，$K^+$，$Ca^{2+}$，$Cl^-$）がその内部を通り抜けられるようになる。例えばアセチルコリン（ニコチン作用）受容体などがこれに属し，神経伝達物質のパルスとして送られてきた化学

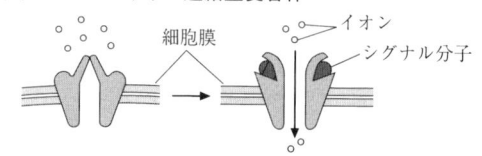

(A) イオンチャネル連結型受容体

(B) Gタンパク質連結型受容体

(C) 酵素連結型受容体

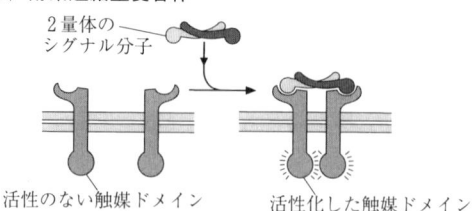

図10-3　シグナル伝達系に使われる3種類の細胞表面受容体
　　　　（(参考文献1)図16-14を改変）

シグナルを膜をはさむ電位の変化という電気シグナルに直接変換する。

(2) **Gタンパク質連結型受容体**（図10-3B）

この受容体は細胞表面受容体として最大のファミリーを形成しており，どの細胞にも分布して，細胞外からのホルモン，神経伝達物質などのシグナルを細胞内に伝える役割をしている。図10-4に示すように7回膜貫通型のタンパク質で，N末端側を細胞表面に出しその部分でリガンドに結合し，7回膜貫通したのちのC末端側を細胞質ゾルに向けている。細胞外から来たリガンドが受容体に結合するとその立体構造が変化し，細胞質ゾル側の構造も変化する。構造変化した細胞質ゾル側の部分はGタンパク質を結合できるようになる。哺乳類では100種類以上も報告されており，また酵母からヒトまで進化的にも保存された受容体である。Gタンパク質受容体は，それ自身酵素活性をもっているわけではなく，これから述べるGタンパク質と共役して働くことが特徴である。

(2)-1 **Gタンパク質の構造**

Gタンパク質は，分子量の大きい順に$\alpha$，$\beta$，$\gamma$と名付けられた3つのヘテロなサブユニットからできており，3量体Gタンパク質ともよばれている（図10-4A）。なかでも$\alpha$サブユニットは名前の通りGTP結合タンパク質であり，結合したGTPを加水分解しGDPにするGTPアーゼ活性をもっている。刺激を受けていない$\alpha$サブユニットはGDP型で，$\beta\gamma$サブユニットと会合している。リガンドがGタンパク質受容体に結合し，細胞質ゾル側の構造が変化すると，受容体はGタンパク質と結合できるようになり，GDP型$\alpha$をGTP型$\alpha$の活性型に変換する。ここで活性型Gタンパク質は，活性型の$\alpha$サブユニットと$\beta\gamma$サブユニットの2つのサブユニットに解離する。活性型のGTP結合型$\alpha$サブユニットと解離した$\beta\gamma$サブユニットはともに細胞膜内を移動しその標的分子に直接作用してそのシグナルを伝達する。$\alpha$あるいは$\beta\gamma$サブユニッ

トが標的に結合している時間が長いほど，伝達されるシグナルは強力となる。αサブユニットは自身のもつGTPアーゼ活性によりGTPを加水分解し一定時間後にGDP型に変化し，βγサブユニットと再び会合し不活性型のGタンパク質に戻るのでシグナルは遮断される。通常この変換は2,3秒後に起こる。このことからGタンパク質は分子スイッチとよばれ，このシグナルのオンとオフが，細胞内シグナル伝達にとって非常に重要な役割をしている（図10-4）。

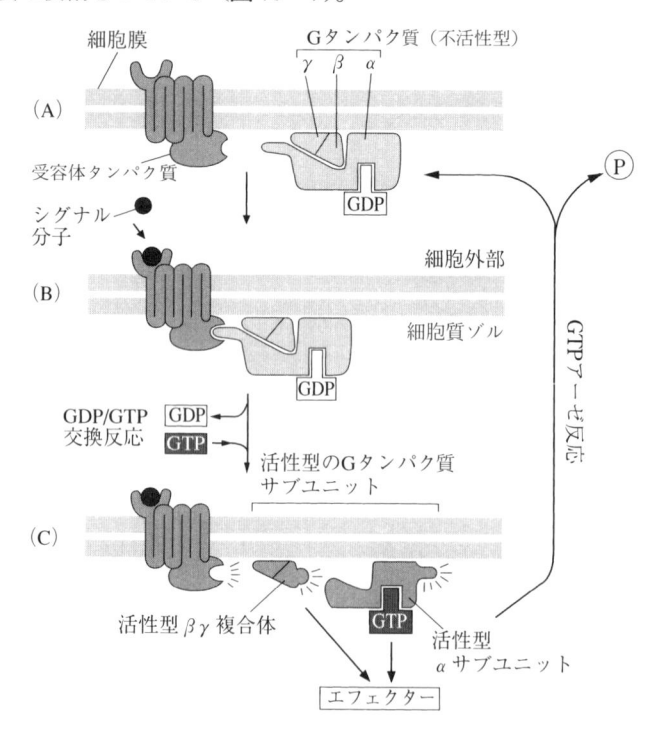

図10-4 Gタンパク質連結型受容体を介したシグナル伝達系

## (2)-2　Gタンパク質の標的分子

　Gタンパク質は、活性化されると2つのサブユニットに分かれるが、それらは両者とも活性型分子として機能することができ、そのときの標的分子をエフェクター（効果器）とよんでいる。Gタンパク質のサブユニットのエフェクターは、イオンチャネルか膜結合酵素かのどちらかである。Gタンパク質のエフェクターとなる主要な酵素はアデニル酸シクラーゼ（adenylate cyclase）とホスホリパーゼC（phospholipase C）である。アデニル酸シクラーゼは、サイクリックAMP（cAMP）をつくり、ホスホリパーゼCは小型のシグナル分子であるイノシトールトリスリン酸（inositol trisphosphate: $IP_3$）やジアシルグリセロール（diacylglycerol: DAG）をつくる。エフェクターが酵素の場合には、結

```
グルカゴン／アドレナリン
        ↓
     細胞膜受容体
        ↓
   Gタンパク質の活性化
        ↓
 アデニル酸シクラーゼの活性化
        ↓
     cAMPの産生
        ↓
   Aキナーゼの活性化
     ↓         ↓
グリコーゲンホスホ    グリコーゲン合成酵素の
ラーゼのリン酸化     リン酸化
  （活性化）       （不活性化）
     ↓         ↓
   大量のグリコーゲン分解（肝臓・筋肉）
   グルコース代謝の亢進
```

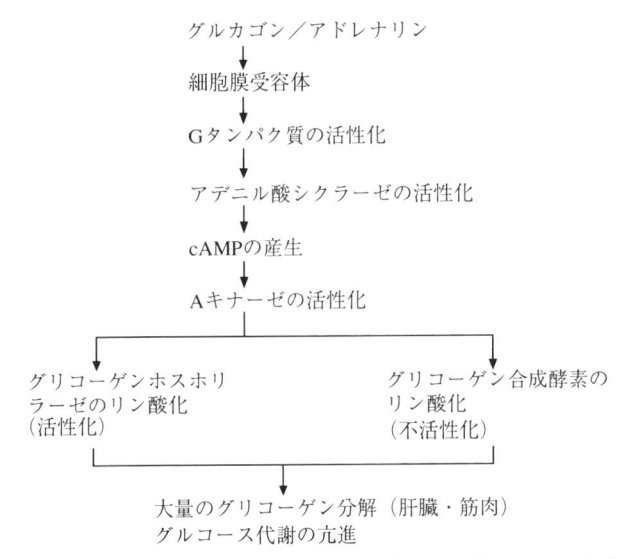

図10-5　Aキナーゼを介したタンパク質のリン酸化による調節

局細胞外のシグナル（一次メッセンジャー）がGタンパク質を介して活性化された膜結合型酵素により大量の二次メッセンジャーに変換され，細胞全体にシグナルを伝えることになる。例えば，グルカゴンやアドレナリンはcAMPを介して肝臓や筋肉のグリコーゲンを速やかに分解し血糖量を増加する機能があることが知られている。この情報伝達は図10-5に示したように，1分子のグルカゴンやアドレナリンが受容体に結合すると，Gタンパク質を介してアデニル酸シクラーゼが活性化され，大量のcAMPを産生する。産生されたcAMPはAキナーゼ（cAMP依存性プロテインキナーゼ）に結合し活性化し，活性化されたAキナーゼは

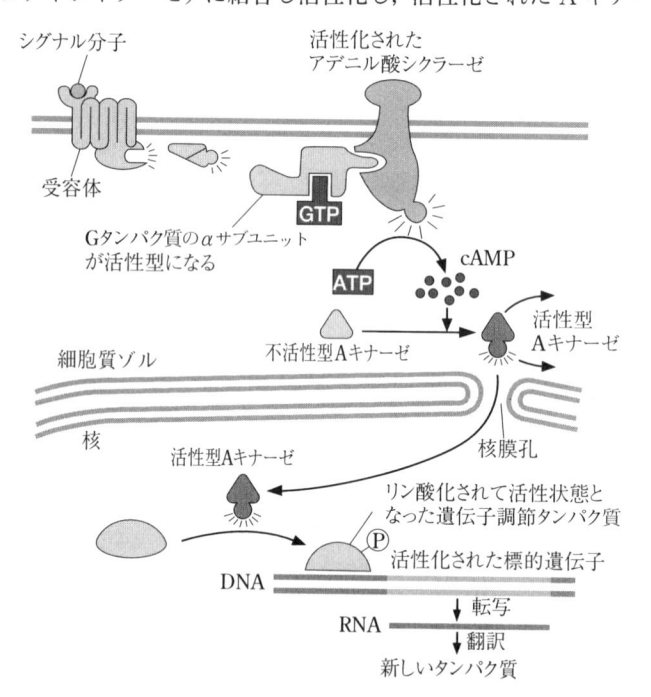

図10-6　Aキナーゼを介した遺伝子転写の活性化
((参考文献1) 図16-24を改変)

酵素であるため多数のグリコーゲンホスホリラーゼをリン酸化して活性化する。また同時にグリコーゲン合成酵素をリン酸化し不活化する。すなわち，1分子の細胞外シグナル伝達物質によって活性化された受容体は，このリン酸カスケードを経て大きく増幅し，大量のグリコーゲン分解を促進しグルコース代謝を亢進させることになる。細胞の種類が違えばリン酸化される標的タンパク質の組み合わせも異なるので，その効果は標的細胞によって異なってくる。図10-6に示したように，Aキナーゼが核内に入り遺伝子調節タンパク質をリン酸化する場合もある。リン酸化された遺伝子調節タンパク質は，標的遺伝子群全体の転写を促進する。このように遺伝子発現の変化や新たなタンパク質の合成を必要とする場合は，標的タンパク質の修飾により直接機能を変更する場合と異なりその反応に時間を要する。このシグナル伝達経路は内分泌細胞でのホルモンの合成や脳での長期記憶に必要なタンパク質の産生など，多くの反応を調節している。

　Gタンパク質によって活性化されるもう1つの重要な分子ホスホリパーゼCは，細胞膜脂質二重層の内側に少量存在するイノシトールリン脂

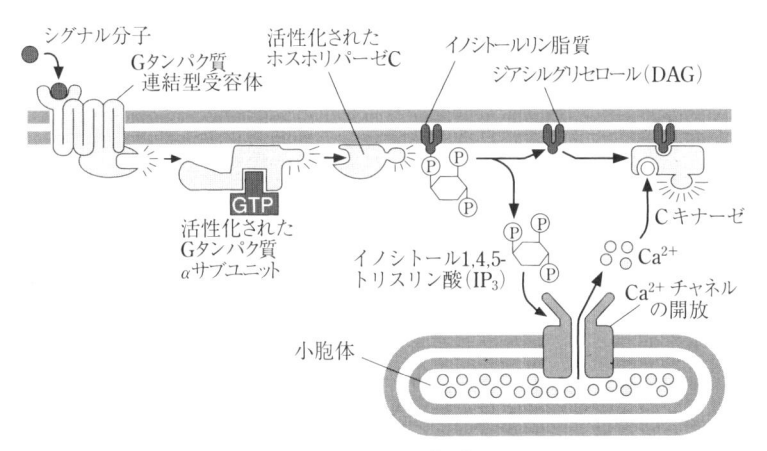

図10-7　ホスホリパーゼCによって活性化されるイノシトールリン脂質経路　((参考文献1) 図16-25を改変)

質と反応し，2種類のメッセンジャー分子 IP$_3$ と DAG をつくる。この経路をイノシトールリン脂質経路（inositol phospholipid pathway）とよぶ（**図 10-7**）。膜から遊離した IP$_3$ は小胞体膜上にある Ca$^{2+}$ チャネルに結合し，小胞体内に貯蔵されている Ca$^{2+}$ を細胞質ゾルに流出させるので，通常は極めて低く保たれている細胞質ゾルの Ca$^{2+}$ 濃度が急激に上昇する。一方 DAG は細胞膜に結合したまま残って Ca$^{2+}$ とともに働いて C キナーゼ（プロテインキナーゼ C）を活性化する。活性化された C キナーゼは細胞内の複数のタンパク質をリン酸化するが，標的となるタンパク質の多くは A キナーゼと異なる。

### (3) 酵素連結型受容体

第三のグループは，細胞の増殖因子の表層受容体の研究により明らかとなった酵素連結型受容体である。このグループは，EGF（上皮増殖因子），FGF（繊維芽細胞増殖因子），PDGF（血漿板由来増殖因子），インスリンなどの増殖因子の受容体で，チロシンキナーゼ活性をもっているので，受容体チロシンキナーゼとよばれている。G タンパク質連結型受容体と同様に膜貫通型であるが，細胞膜を 1 回しか貫通せず，細胞表層のリガンド結合ドメインと，細胞質ゾル側のチロシンキナーゼドメイン

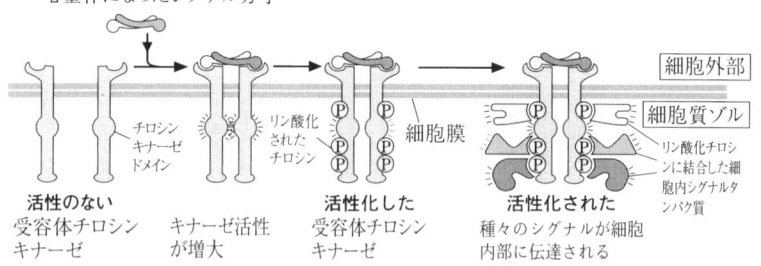

**図 10-8** 受容体チロシンキナーゼの活性化によるシグナル発信複合体の形成（（参考文献 1）図 16-30 を改変）

に分かれている。ごく微量の増殖因子が細胞表層の受容体に結合すると，2個の受容体分子が膜内で2量体化し，細胞質ゾル側ドメインが構造変化を起こすことにより，互いにリン酸化し活性型に変化する。このリン酸化をきっかけに複雑な細胞内シグナル伝達複合体が形成される（図10-8）。シグナル分子は10種類から20種類に及び，結合すると活性化し，細胞内のいろいろな場所にシグナルを送り，細胞増殖や分化の調節，細胞生存率の上昇，細胞内代謝の調整など複雑な応答を引き起こす。このシグナル活性化は，タンパクチロシンフォスファターゼにより脱リン酸化が起こったり，エンドサイトシスにより活性化受容体がリソゾームで分解を受けると収拾する。受容体チロシンキナーゼの標的タンパク質として有名なものにRas（ラスと読む）タンパク質がある。Rasは3量体Gタンパク質の$\alpha$と同様にGTP結合タンパク質で，GTP結合型は活性型であり，GDP結合型は非活性型で分子スイッチとして働いている（図10-9A）。3量体は形成せず，$\alpha$より分子も小さいので（アミノ酸総数約170個）低分子量Gタンパク質とよばれている。*Ras*は原がん遺伝子（proto-oncogene）ともよばれており，これが変異しRasが常に活性化すると，受容体チロシンキナーゼが常時活性化状態にあるのと同様なことになり，細胞のがん化につながることがわかっている。活性型のRasは図10-9Bに示すように，一連のタンパクキナーゼをリン酸化しては活性化するリン酸化の連続反応（リン酸化カスケード）を引き起こす。図10-9Bには，マップキナーゼ（MAPキナーゼ：MAPK）と名付けられたタンパクキナーゼの活性化を示してある。反応系の最後のMAPKが遺伝子調節タンパク質をリン酸化し遺伝子の転写調節機能を変化させたり，標的タンパク質をリン酸化しその活性をかえたりする。このようにして，遺伝子発現パターンが変わり，細胞の増殖促進，分化の調節などが行われる。ヒトのがんの30％で*Ras*遺伝子に変異が

(A) Rasの活性化

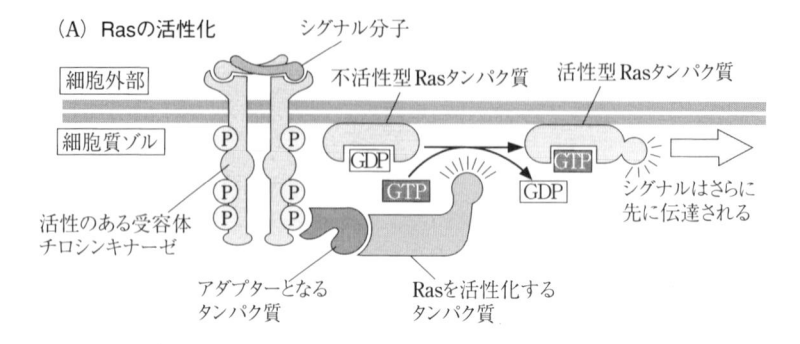

(B) Rasの活性化によるMAPキナーゼのリン酸化カスケード

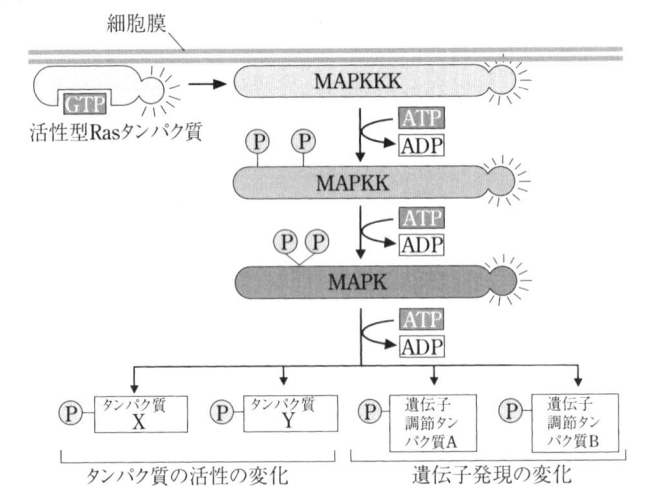

図10-9　受容体チロシンキナーゼによるRasの活性化
((参考文献1) 図16-31, 図16-32を改変)

見つかっていることは，このタンパク質が細胞の正常な増殖，維持に大きくかかわっていることを示している（図10-10）。

(A) リン酸化によるシグナル伝達　　(B) GTP結合タンパク質によるシグナル伝達

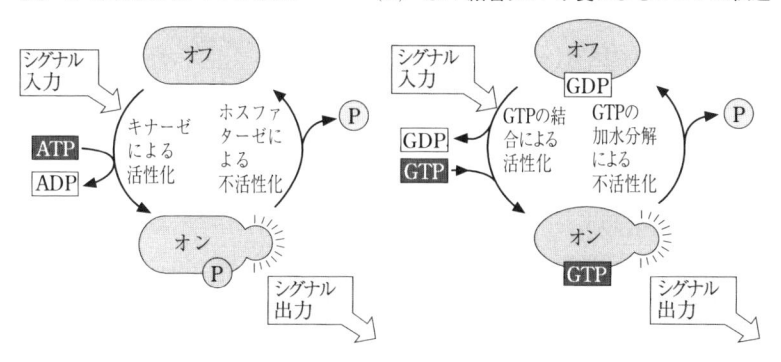

図10-10　シグナル伝達に使われる2種類の分子スイッチ

## 3. シグナル伝達における分子スイッチの役割

　細胞内のシグナル伝達について述べてきたが，これらの伝達を担うタンパク質は，ほとんどが分子スイッチの役割をしている。図10-10に示したようにシグナルのスイッチのオン-オフは，多くの場合リン酸化/脱リン酸化かGTP/GDP結合変換のどちらかを利用して行われている。もちろんスイッチをオンにしたら次のシグナル伝達を行うためにはスイッチをオフにせねばならない。このスイッチのオン-オフが適切に行われないと生体にとって非常に不都合なことになる。コレラ毒素の標的タンパク質はGタンパク質の$\alpha$サブユニットで，毒素は$\alpha$サブユニットをADPリボシル化することによりスイッチを切れない状態にする。このため，$\alpha$サブユニットは活性化状態のままとなるので細胞内のcAMP濃度が異常に高くなり，結果として小腸から大量の電解質や水が排出され下痢症状が引き起こされる。このようにスイッチをオフにする反応も実際の生体内では非常に重要な反応である。

## 4. まとめ

　細胞外からのシグナルが，細胞内の標的タンパク質や標的遺伝子群にどのように伝わっていくのか，その仕組みについて学んできた。しかしこれらのシグナル伝達は，直線で伝わっていくわけではない。図10-11は，Gタンパク質連結型受容体に始まってcAMPを介する系とホスホリパーゼCを介する系，また酵素連結型受容体に始まってホスホリパー

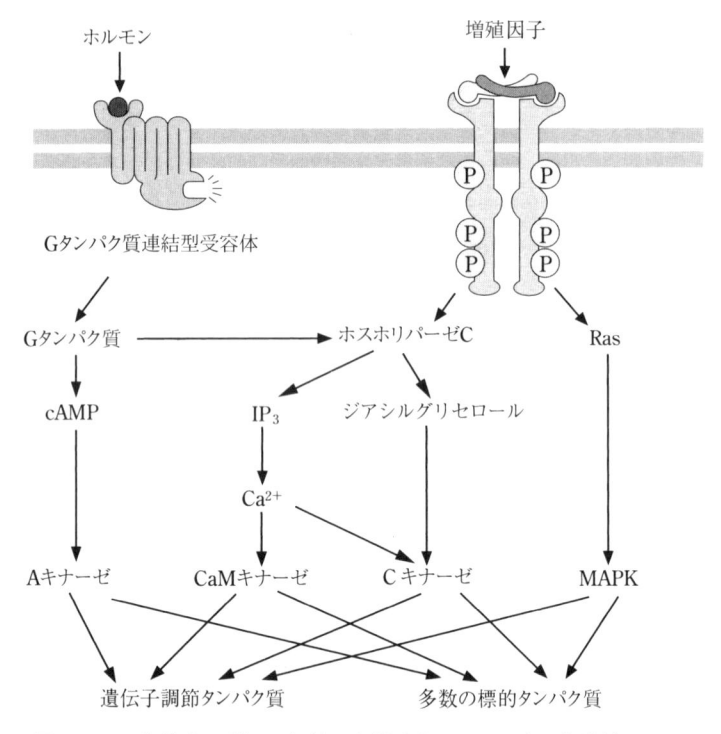

図10-11　**細胞内シグナル伝達におけるクロストーク**　細胞外からのシグナル（ホルモンや成長因子を一次メッセンジャーという）が膜受容体を介し伝えられ，大量の二次メッセンジャー（cAMP, IP$_3$, ジアシルグリセロール，Ca$^{2+}$）に変換され，細胞全体にシグナルが伝わる。ここでは，cAMPを介する系，ホスホリパーゼCを介する系，Rasを介する系のクロストークを模式的に表している。CaMキナーゼは，Ca$^{2+}$・カルモジュリンに依存して活性化調節を受けるキナーゼである。（（参考文献1）図16-38を改変）

ゼCを介する系，とMAPキナーゼを介する系，計4種のシグナル伝達系が細胞内で相互にかかわりあいながら情報伝達を行っていく過程を模式的に示したものである．このように，いくつかのシグナル伝達系がお互いに影響しあうことをクロストークというが，細胞内ではいくつものシグナル伝達系が情報を分岐したり統合したりして細胞内の複雑な調節制御を行っている．

●参考文献
1) B. Alberts 他著，中村桂子他監訳 「Essential 細胞生物学（原書第2版）」南江堂（2005）．
2) H. Lodish 他著，石川章一他訳 「分子細胞生物学」第5版，東京化学同人（2005）．

〈練習問題〉
1. 細胞外からのシグナルはどのような方法で細胞内に伝わるか，そのルートについて説明せよ．
2. 3量体Gタンパク質の特徴と機能を簡単に述べよ．
3. シグナル伝達における分子スイッチのオン－オフは主にどのような機構を利用して行われているか述べよ．

# 11 細胞周期

河野　憲二

細胞周期（cell cycle）は，細胞が増殖するにあたって「遺伝情報と細胞」両者の複製を正確に行うためのシステムである．細胞には細胞周期を実際に行うための細胞周期装置と，それらの装置のスイッチを正確に管理制御し，染色体の複製と分配を順序よく行っていくための演出家，細胞周期調節系がある．ここでは，細胞周期調節系の中心となるサイクリン−サイクリン依存性キナーゼ複合体がリン酸化と分解により極めて巧妙に制御されていること，また細胞には細胞周期の進行が順序通り正確に行われているかどうかを見極めるチェックポイント機構があること，さらに細胞周期とがんとの関係について学ぶ．

## 1. 概説

私たちの体の中には，絶えず分裂を繰り返している細胞と，分裂は行わずに休止している細胞とがある．骨髄，胸腺，腸管上皮，皮膚，生殖腺の細胞などは常に増殖している細胞だが，それ以外の組織のほとんどの細胞は休止している．動物組織由来の繊維芽細胞などはシャーレの中で容易に培養することができるが，それらの増殖している細胞を観察すると，大部分の細胞は壁に広がって付着している．その中に一部の細胞であるが，球形になったり，また 2 つに分裂している細胞が観察できる（図 11-1）．これらの細胞は分裂期（M 期）の細胞であり，M 期から M 期までを細胞周期とよんでいる．対数増殖期の細胞は，細胞周期をぐるぐると回っていることになる．さらに増殖が進み器壁が細胞でいっぱい

になると，正常細胞では増殖を停止し分裂している細胞を観察できなくなる。このことを細胞増殖における接触阻止（contact inhibition）とい

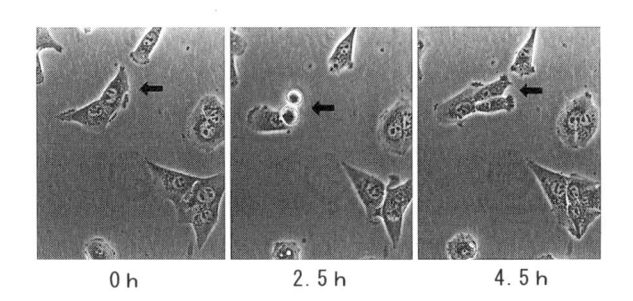

(A) マウス由来の培養細胞のプレート上での増殖。矢印を付けた細胞は，細胞分裂後，器壁に接着し広がっていく（最初の撮影時を0時とし，2.5時間後，4.5時間後の写真を掲載）。

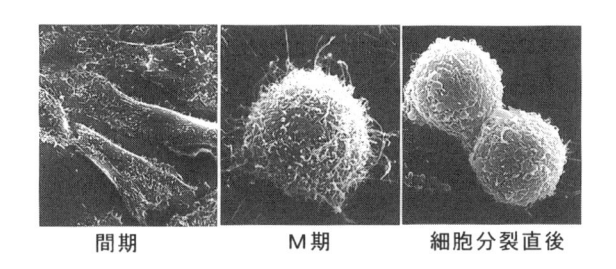

(B) 左：ほぼ培養器全面に増殖した細胞を走査型電子顕微鏡で観察したもの。大部分の細胞は器壁に広がった間期の細胞で，隣の細胞と接触したところで増殖を停止している。中：分裂期の細胞で球形をしており器壁との接着が弱くなっている。右：細胞分裂直後の細胞で連球型をしている。

図11-1　マウス培養細胞の増殖（A：位相差顕微鏡像，B：走査型電子顕微鏡像）

い，成体組織が一定の大きさになると細胞増殖を停止することを反映していると考えられている。これらの形態観察から，細胞周期はまず分裂期（通常は有糸分裂；M期のMはmitosis）とそれ以外の期間とに分けることができる。間期にはDNA合成をするS期（Sはsynthesis）があり，M期とS期との間をそれぞれ$G_1$期，$G_2$期（Gはgapから由来する）とよんでいる。したがって細胞周期は図11-2に示すように，$G_1$期（DNA合成準備期）→S期（DNA合成期）→$G_2$期（分裂準備期）→M期（分裂期）の4つの相に分けられる。また接触阻止により増殖サイクルからはずれた状態を$G_0$（Gゼロと発音する）期とよび$G_1$期とは区別している。$G_0$期の細胞が通常の細胞周期にはいるためには，増殖因子などの

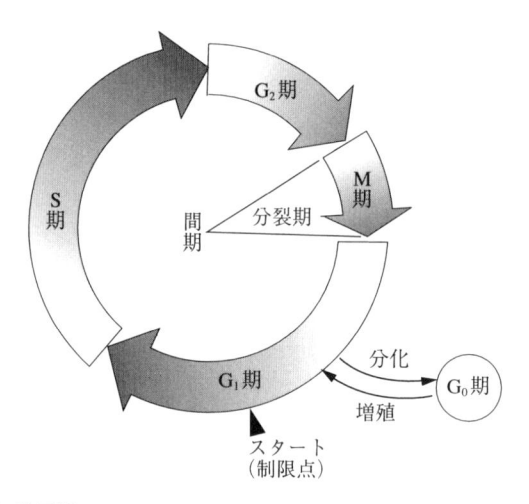

図11-2 細胞周期
細胞周期は分裂期とそれ以外の期間とに分けられる。間期はDNA合成期とその前後の$G_1$期，$G_2$期とから成る。$G_1$期には，S期への移行を決定するポイントであるスタート（制限点）がある。細胞増殖を休止した細胞は，細胞周期を逸脱した$G_0$期にある。

刺激を必要とする。

　細胞周期は細胞周期エンジンともよばれ，このサイクルは一方向性であり，逆回転をすることはない。また細胞周期は全自動洗濯機にもよく例えられる。洗濯は，給水，洗濯，すすぎ，脱水といくつかのステップに分かれているが，これらのステップは厳密に制御されている。センサーが水位を感知して必要な量まで給水されない限り，次の洗いのステップに進むことはない。もしこのようなフィードバック制御がないと全体が混乱してしまう。

## 2. 細胞周期制御因子

### (1) MPFの発見と同定

　細胞生物学者は，まず細胞周期に直接かかわるDNA合成，有糸分裂，細胞質分裂という細胞側の装置そのものの解析をしてきたが，これらの装置を制御している機構については長い間全くのブラックボックスであった。ブレイクスルーは調節系の中枢となるタンパク質が同定されたことによる。面白いことに，その分子はDNA合成や染色体分離などの過程で実際に働く細胞側装置とは全く異なるものであった。しかもその分子の同定は，カエルやウニの卵を用いた生化学的手法と酵母を用いた遺伝学的手法という全く異なるアプローチにより行われ，結果として同一の分子に行き着くことになった。

#### (1)-1　生化学的アプローチ

　カナダ，トロント大学の増井禎夫らは，アフリカツメガエル卵母細胞に種々の細胞周期の細胞から調製した細胞質を加え，細胞分裂がどのような影響を受けるかを調べていたところ，図11-3に示すようにM期にある卵から調製した抽出物のみに，卵母細胞をM期に促進する活性があることがわかり，その活性をMPF（maturation promoting

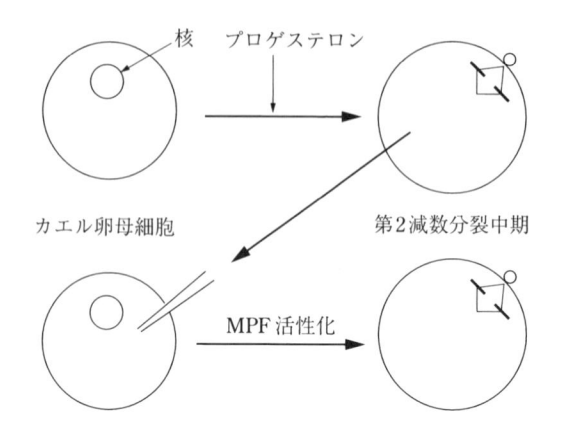

**図 11−3　MPF（卵成熟促進因子）の発見**
カエルの未成熟卵は第1減数分裂の $G_2$ 期に停止しているが，プロゲステロン処理により細胞周期が進行し，第2減数分裂のM期中期で停止し成熟卵となる。この成熟卵の細胞質ゾルを未成熟卵に注入すると未成熟卵の細胞周期がM期へと進行する。この卵成熟を促進する因子は Maturation Promoting Factor と名付けられた。現在ではM期促進因子（M phase Promoting Factor）と同義に使われている。

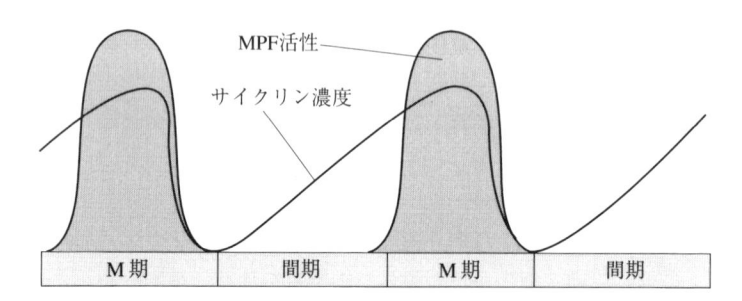

**図 11−4　MPF 活性とサイクリン濃度の変動**
動物受精卵の初期胚では細胞周期に同調して，MPF 活性とサイクリン濃度が変動する。サイクリン濃度は間期に直線的に増大をし，M期に最大となったのち急激に分解される。Cdk キナーゼ分子は細胞周期を通じて一定量であるが，そのキナーゼ活性はM期開始前に急上昇しM期終了間際に急激に低下する。

factor：卵成熟促進因子）と名付けた（1971）。一方 1982 年に，英国王立癌研究所のハント（T. Hunt）らは，ウニ卵の細胞周期に依存して消長を繰り返す奇妙なタンパク質サイクリンを発見した（図 11-4）。サイクリンが細胞周期の進行にとり重要なタンパク質であることは予測できたが，このタンパク質の機能について明らかになるのにはまだ時間を要した。

## (1)-2　遺伝学的アプローチ

　上記の生化学的アプローチとは全く別に，米国ワシントン大学のハートウェル（L. Hartwell）は，真核生物の出芽酵母（パン酵母）を用いて細胞周期に関する温度感受性変異株の取得を始めた（1970〜）。温度感受性変異株とは一般に許容温度（20℃前後）では正常に増殖するが，制限温度下（通常 35℃前後）にすると，増殖できない変異株のことをいう。

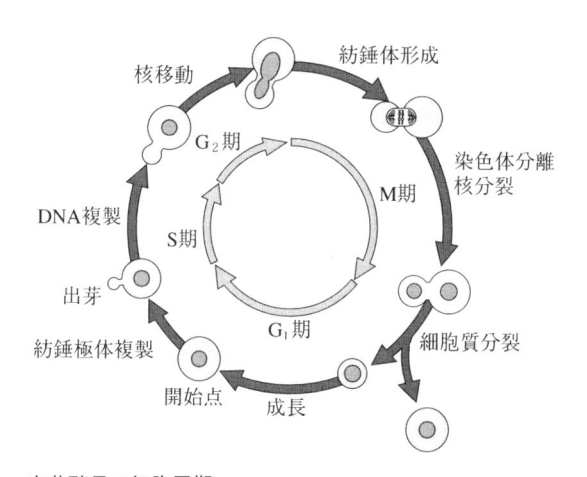

**図 11-5　出芽酵母の細胞周期**
　出芽酵母の細胞周期に応じた形態変化を示してある。（「分子細胞生物学」（上）第 4 版，図 13-22）

出芽酵母は細胞周期に応じて図11-5に示したような形態変化を示す。ハートウェルは，制限温度下で細胞周期の一定の位置で停止する（すなわち一定の形態で停止する）温度感受性変異株を単離しcdc（cell division cycle）変異株と命名した。英国王立癌研究所のナース（P. Nurse）らも，パン酵母とは種類の異なる分裂酵母から同様な細胞周期変異株を単離し，その解析を行っていた（1976～）。それらの中で*cdc2*遺伝子産物（Cdc2）は，$G_2$期からM期への移行を促進するキナーゼ活性をもつタンパク質であることが明らかとなった。さらに出芽酵母の$G_1$/S期への移行に関与する*CDC28*遺伝子産物はこのCdc2キナーゼのホモログであること（1982），ヒトにもCdc2ホモログがあり酵母の機能欠損を相補できること（1987）などが明らかとなり，細胞周期エンジンであるCdc2キナーゼは，細胞周期の$G_2$期からM期（および$G_1$期からS期）への移行に重要な役割をしており，しかもこのシステムは酵母からヒトまで進化的に保存されたものであることがわかった。この遺伝学的アプローチと生化学的アプローチの2つはすぐに1つの答えに行き着くことになる。

　1988年にカエル卵由来のMPFが精製され，MPFは2つのタンパク質の複合体であり，1つはCdc2キナーゼであること，またもう1つのタンパク質はサイクリンであることが明らかになるに及んで，細胞周期の進行を調節しているMPFの正体がはっきりした。カエル卵成熟促進因子として見出されたMPFは，細胞周期における$G_2$期からM期への移行を促進するMPF（M phase Promoting Factor）と同じものであり，図11-6に示すようにCdc2キナーゼとサイクリンとの複合体から構成されている（Cdc2キナーゼはサイクリンに依存して活性化されるためCdk（cyclin dependent protein kinase；サイクリン依存性キナーゼ）とよばれている）。キナーゼ活性の発現のためにはサイクリンが必

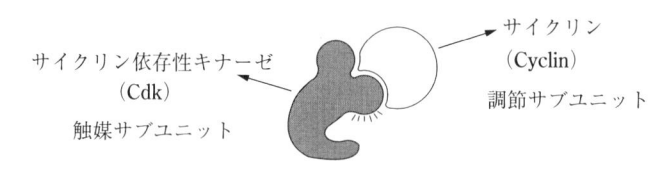

サイクリン依存性キナーゼ
（Cdk）
触媒サブユニット

サイクリン
（Cyclin）
調節サブユニット

Cdk1＝Cdc2キナーゼ

**図 11-6　MPF の構造**
MPF はサイクリンとサイクリン依存性キナーゼ（Cdk）との複合体で，サイクリンはキナーゼ活性の調節サブユニット，Cdk は触媒サブユニットにあたる。最初に見つかった Cdk は Cdc2 キナーゼで Cdk1 にあたるが，通常 Cdc2 キナーゼとよばれている。

要なことから，サイクリンが調節サブユニットで Cdc2 キナーゼが触媒サブユニットにあたることになる（これ以降は，MPF という代わりに，サイクリン-Cdk 複合体と記載する）。

(2) **CDK の活性化機構**

　Cdk のキナーゼ活性が M 期特異的に高まることは図 11-4 からわかるが，その急激な Cdk の活性化はどのようにして起こるのだろうか。Cdk は細胞周期を通じて存在しており，サイクリンは図 11-4 に示すように，細胞周期依存的に直線的に増加して M 期に最高となったのち急激に低下する。サイクリン-Cdk 複合体はサイクリンの合成に伴って形成されるが，そのままでは不活性である。Cdk の活性化には特定の部位のリン酸化が必要とされるが，別の阻害的に働く部位もリン酸化されるので結果として S 期のサイクリン-Cdk 複合体は不活性状態を保っている。最終的には，阻害的に働く部位のリン酸基をホスファターゼが除去してサイクリン-Cdk 複合体は活性化される（図 11-7）。このとき活性化されたサイクリン-Cdk 複合体がさらにそのホスファターゼをリン酸化し活性化するため，M 期に爆発的にキナーゼ活性が高くなり，

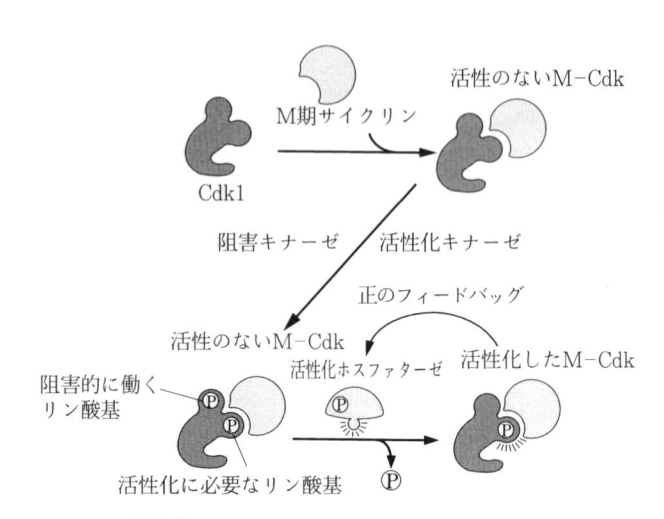

**図 11-7 Cdk の活性化**
サイクリン-Cdk 複合体は最初に形成されたときには不活性であるが，その後，活性に必要な部位のリン酸化と，それを阻害する部位のリン酸化が起こり結果としてその活性は抑えられている。最終的に阻害的に働くリン酸化部位がホスファターゼにより脱リン酸化され活性のある MPF が完成する。このホスファターゼは MPF の基質にもなっており，MPF によりリン酸化を受けると活性化されるため，MPF の活性化による正のフィードバック制御を受け，MPF 活性は短時間の間に急激に上昇する。((参考文献 1) 図 18-11 を改変)

細胞を M 期に進ませる。

### (3) 細胞周期特異的なサイクリン-Cdk 複合体とその活性制御

M 期特異的なサイクリン-Cdk 複合体についての解析が進むにつれ，細胞周期の他の時期にはまた異なるサイクリン-Cdk 複合体が形成され細胞周期の調節をしていることがわかってきた（図 11-8）。酵母では Cdk は 1 種類であるが，M 期，$G_1$ 期，S 期に特異的なサイクリンがあり，Cdk はそれぞれの時期にそれぞれのサイクリンと結合し細胞周期特

異的な複合体を形成し，細胞周期全体を制御している。哺乳動物になるとCdkにも数種類あり，サイクリンとの組み合わせも複雑になる。各時期特異的なサイクリン−Cdk複合体の活性制御は主に3つの機構により行われている。1つは前項に述べたリン酸化・脱リン酸化，2つ目はサイクリンのユビキチン・プロテアソーム系による分解による制御である（図11-8）。それぞれのサイクリンは，特異的にユビキチン化を受ける部位をもっており，26Sプロテアソームとよばれるタンパク質分解マシーンにより時期特異的に分解される。3つ目の制御は後述するCdk阻害

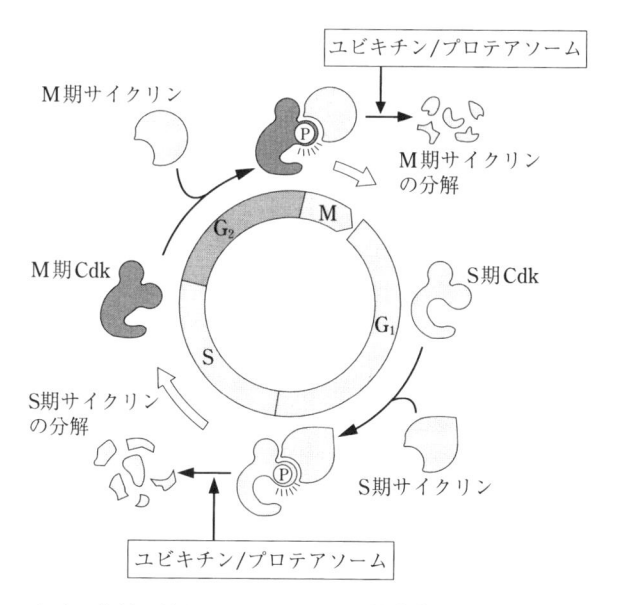

図11-8 細胞周期特異的なサイクリン−Cdk複合体
細胞周期の進行は，キナーゼ活性をもつ各時期特異的なサイクリン−Cdk複合体の組み合わせにより制御されている。各時期特異的なサイクリン−Cdk複合体は，ユビキチン-プロテアソーム系によるサイクリンの時期特異的な分解によりその活性を失う。

因子CKIで，主に$G_1$/S期への移行を抑制するタンパク質群による制御である。

## 3．細胞周期チェックポイントコントロール

　1970年代に細胞融合を利用して細胞周期に関する興味深い実験が行われた。まず間期の細胞とM期の細胞とを融合すると，間期の核での核膜崩壊と染色体の凝縮が誘導された（図11-9上）。このことから，M期の細胞には間期の細胞を分裂期に誘導する因子のあること，すなわちMPF活性をもっていることが示唆された。次に$G_1$期の細胞とS期の細胞を融合すると，$G_1$期の核でDNA合成が開始すること，またS期の核は$G_1$期の核がDNA複製を終えるまでM期に進まないことが明らかとなった（図11-9中）。このことから，S期の細胞にはDNA複製を誘導する因子（S期促進因子）があること，また細胞にはS期が終わったことをチェックしてM期に移行する機構があることが示唆された。最後にS期の細胞と$G_2$期の細胞とで融合したところ，S期の細胞のDNA複製が終わるまで$G_2$期の核はM期には進行しないこと，また逆に$G_2$期の核はS期の細胞由来のS期促進因子によりDNAの再複製をしないことが明らかとなった（図11-9下）。この結果は，細胞には核内で起こる細胞周期の状況をモニターし，細胞周期の進行順序を崩さないようなチェック機構が存在していることを示唆している。ハートウェルはcdc変異株の解析結果から，細胞周期に伴って起こるある事象の開始に，その前に起こった事象の完了が必要であり，細胞にはそれをしっかりと監視して見極めるポイントがあることを提唱し，このポイントのことをチェックポイントとよんだ。現在知られている主要なチェックポイントとして$G_1$期，$G_2$期，M期中期（紡錘体）チェックポイントの3つがある（図11-10）。DNAが紫外線などにより損傷を受けたり，外部環

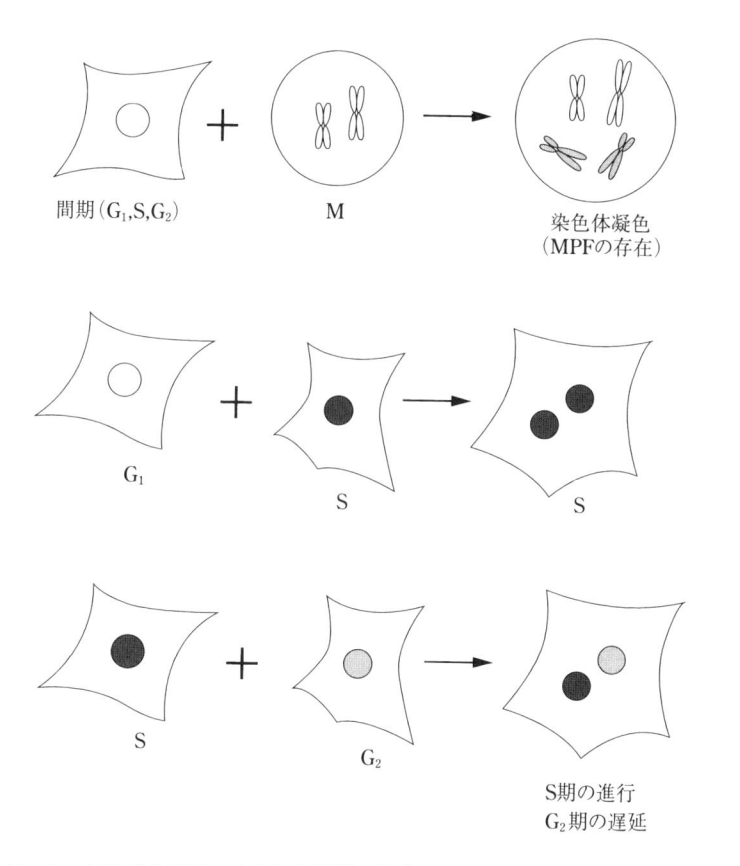

間期(G₁,S,G₂) + M → 染色体凝色（MPFの存在）

G₁ + S → S

S + G₂ → S期の進行 G₂期の遅延

**図11-9 細胞融合実験による細胞周期の研究**
　　　異なる細胞周期の細胞を融合することにより，各時期の細胞質と核との関係が明らかにされた。

境の栄養状態がよくない場合には$G_1$チェックポイントで細胞周期は停止する。$G_2$チェックポイントでは，DNA複製が終了しているか，細胞の大きさは十分成長しているか，などの点がチェックされる。分裂期中期チェックポイントでは，紡錘体形成が完了しているかどうかがチェックされる。もし紡錘体完成前に染色分体の分離が起こると，娘細胞への染色体の均等分配が保証されないことになる。細胞はこれらのチェックポイントコントロールを利用して，染色体や細胞の複製を行っている。

DNA複製は完了したか？
細胞の大きさは十分か？
$G_2$チェックポイント

紡錘体分裂装置は完成したか？
分裂中期チェックポイント

M期開始

M期後期への移行

$G_2$

M

調節装置

S

$G_1$

S期開始

$G_1$チェックポイント
環境条件はよいか？
DNAは損傷を受けていないか？

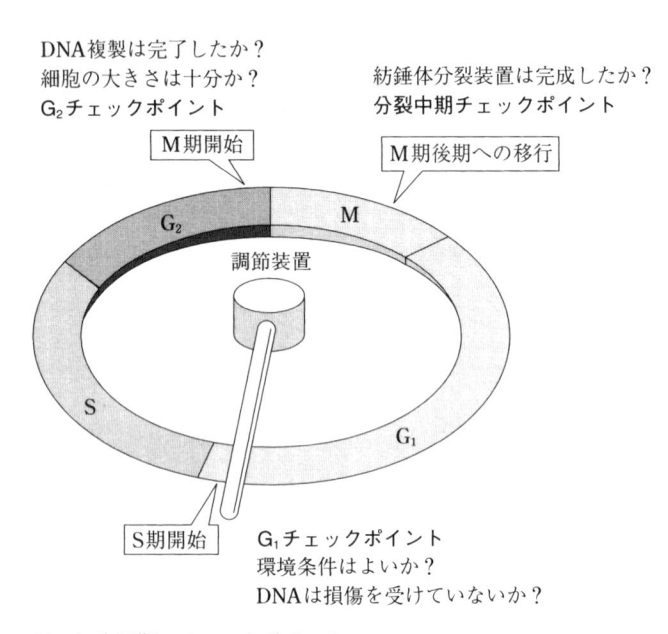

図11-10　細胞周期のチェックポイント
細胞周期にはチェックポイントコントロールがあり，常に前に起きた事象の完了をモニターしている。S期が完了しなければM期に入ることはないし，M期を完了しなければS期に入ることはできない。代表的なチェックポイントとして，S期への移行にかかわる$G_1$チェックポイント，M期への移行にかかわる$G_2$チェックポイント，染色体分配にかかわる分裂中期チェックポイント（紡錘体形成チェックポイント）がある。

## 4. 細胞周期とがん

　生体内のほとんどの細胞は分裂をしていない。肝細胞は1年に1〜2回しか分裂しないし，神経細胞や骨格筋細胞に至っては，発生初期に分化形成を終えると一生分裂せずに働き続ける。この細胞周期の停止は，今まで述べてきたチェックポイントによる細胞周期の停止とは異なり，$G_1$期から逸脱した$G_0$期というところで停止している。$G_0$期では細胞周期調節系に関与する因子は部分的に分解され，Cdkやサイクリンの多くは消失している。われわれの組織を形成している大部分の細胞は$G_0$期にあり，必要があれば細胞分裂を再開する。例えば，大部分の肝細胞は増殖を停止しているが，肝切除のような刺激を外界から受けると細胞は周囲の環境を察知し$G_0$期から$G_1$期に移行し細胞周期を再開する。肝臓が生体内で規定の大きさに達すると，（その詳しい機構についてはわかっていないが）細胞はそれを感知し増殖を停止する。この制御が崩れると生体にとっては非常に困ったことになり，それはがんという形になって現れることになる。多細胞生物にとって細胞周期の調節が正常に行われることは，がん抑制の意味からも重要であることが理解できる。

　近年，がん抑制タンパク質が細胞周期の調節と密接な関係があることがわかってきた。がん抑制タンパク質として著名なものに，p53とRbが知られている。哺乳動物細胞の多くは，DNAが種々の要因により損傷を受けると細胞周期の$G_1$期で停止することが知られている（$G_1$チェックポイント）。p53は腫瘍抗原と結合するタンパク質として同定されたものであるが，この$G_1$期停止の分子機構の主役がp53であるということがわかってきた（図11-11）。p53は紫外線などによりDNAが損傷を受けると活性化され，安定な分子となり*p21*遺伝子の転写を促進する。産生されたp21はCdk活性阻害タンパク質（Cdk inhibitor；CKI）

で，S期サイクリン-Cdk複合体に結合しその活性を阻害する。その結果として細胞周期は$G_1$期で停止する。*p53*遺伝子に変異が起きたがん細胞では$G_1$チェックポイント機構が機能せず，$G_1$期での増殖の停止が起こらない。

　一方，Rbは小児性の網膜芽細胞腫タンパク質である。網膜芽細胞腫は子供の目に発生するがんで，*Rb*はその原因遺伝子として取得された。

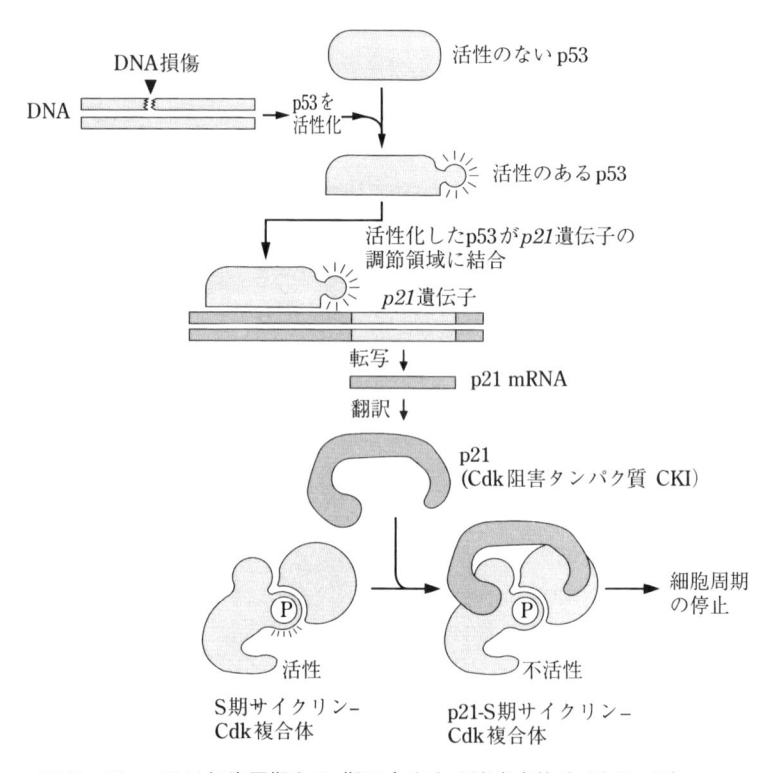

図11-11　p53は細胞周期を$G_1$期で止める（(参考文献1) 図18-15）

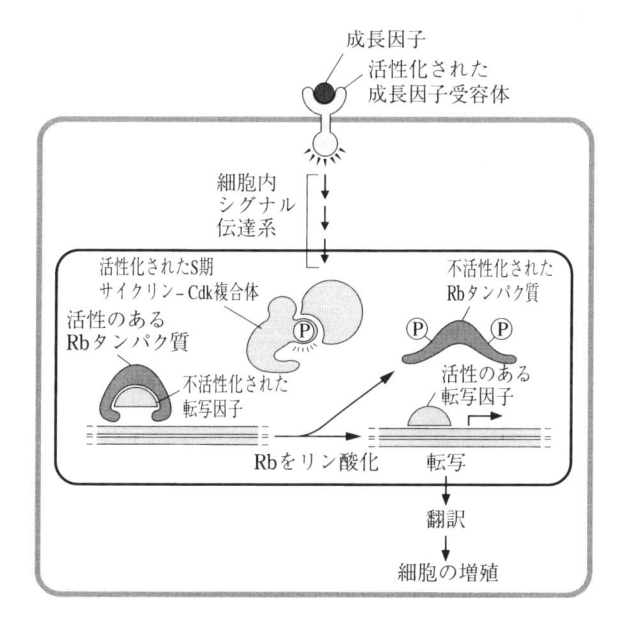

実際にはRb遺伝子は典型的ながん抑制遺伝子の1つで、網膜芽細胞腫はRbタンパク質の機能欠損がその原因であることが明らかとなった。Rbタンパク質は$G_1$期においては主に転写因子E2Fと結合してその活性を抑えることにより、細胞周期がS期に進むことを抑えている（図11-12）。転写因子E2Fは、DNA複製に必須のDNAポリメラーゼやその他の酵素群、またサイクリンなどの遺伝子の発現に必須な因子であるので、E2Fの活性が抑えられていると、細胞はS期に進行することができない。成長因子などの増殖刺激によりS期サイクリン-Cdk複合体が活性化されると、CdkはRbタンパク質をリン酸化し、不活性化する。結果としてE2Fが活性化されDNA合成が開始する。

図11-12 **Rbタンパク質と細胞増殖**（（参考文献1）図18-23）

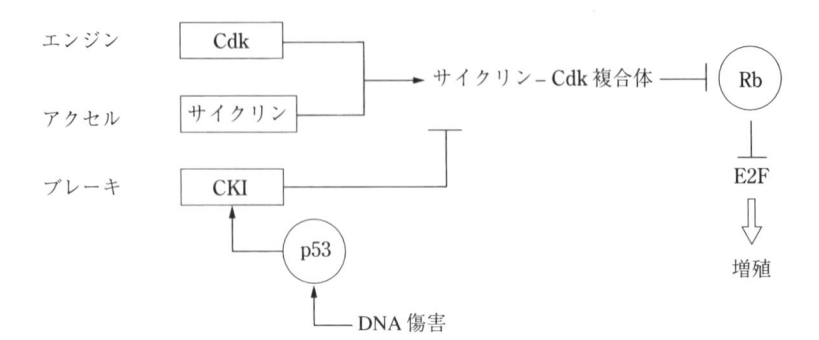

```
エンジン    [Cdk]
                    ┐
アクセル    [サイクリン] ┤→ サイクリン–Cdk複合体 ─┤ (Rb)
                                              │
ブレーキ    [CKI] ─────────────────┤          ↓
              ↑                              E2F
            (p53)                             ⇓
              ↑                              増殖
            └─ DNA傷害
```

**図 11-13　細胞周期エンジンとがん抑制タンパク質**
　　　　　矢印は活性化を，┤ は活性化の阻害を意味している。

　細胞周期はエンジンに例えられるが，そのエンジンは Cdk であり，アクセルはサイクリンにあたる。ブレーキにあたるのは先程述べた CKI で，それらの相互作用により細胞周期は調節されている（図 11-13）。p53 が機能欠損を起こすとブレーキ機能が失われるために細胞は $G_1$ 期をはずれ増殖を開始する。Rb は $G_1$ 期には活性状態にあり，転写因子 E2F の機能を抑制しているために細胞は S 期に進行しない。しかし Rb 機能が欠損すると E2F が活性化され，細胞は S 期に入り増殖を始める（図 11-12）。がん抑制遺伝子は，このように細胞周期の進行と密接にからんでいる。この p53 が関与する周辺の経路を p53 経路，Rb が関与する周辺の経路を Rb 経路とよぶが，実際ほぼすべてのがんでこれら両経路のどこかに異常が認められている。このことから，p53 と Rb タンパク質は細胞周期の調節と細胞の異常増殖（がん化）とを結ぶ重要な分子である。

## 5. まとめ

　細胞周期という細胞の増殖にとり重要なステップが，どのように分子レベルで制御されているのか，ということを学んできた．細胞周期で面白いことは，細胞のDNA合成や染色体の凝縮，核膜の崩壊・再生，紡錘体の形成，細胞分裂などのいろいろな過程に実際に関与する分子がその周期を制御しているわけではなく，全く異なるタンパク質，サイクリン−Cdk複合体が細胞周期全体の中枢を担っているということである．このタンパク質の活性制御には，第10章で勉強したリン酸化／脱リン酸化という制御があり，またタンパク質の合成，ユビキチン−プロテオソーム系を介したサイクリンの急激な分解という，タンパク質の合成系と分解系も大きくかかわっている．細胞周期にはチェックポイントコントロールがあり，細胞周期に起こる前後の事象をモニターしており，あるステップが遅れたり障害を受けたりすると，その進行を遅らせ，障害を復旧させるまで細胞周期の進行を抑制するポイントがある．また細胞周期と細胞のがん化ということは密接な関係にあり，細胞周期の異常が細胞増殖の異常を引き起こす，という点も重要である．多細胞生物固有の現象であるがん化という機構の理解が，単細胞生物の酵母を材料に行われた研究から非常に進展したということも特筆に値する．単細胞生物の細胞周期の研究をすることと，多細胞生物のがんを研究することは共通の土台に立っているのである．

● 参考文献

1) B. Alberts 他著，中村桂子他監訳「Essential 細胞生物学（原書第2版）第18章」南江堂（2005）.
2) 中山敬一編集「細胞周期がわかる」羊土社（2001）.

〈練習問題〉
1. 細胞周期調節系の中心となる分子を2つ挙げ，その分子の機能を簡単に述べよ。
2. 細胞周期におけるチェックポイントコントロールについて説明せよ。
3. がん抑制遺伝子について簡単に説明せよ。

# 12. 細胞分裂

河野　憲二

　ヒトの体は，1つの受精卵が細胞分裂をして，最終的に約60兆個の細胞になるといわれる。1つ1つの細胞は，すべて同じ遺伝情報をもっている細胞からできているわけで，そのためには細胞は正確に遺伝情報と細胞成分を倍加し，細胞分裂により均等分配する仕組みをもっていることになる。ここでは，体細胞分裂M期に起こる有糸分裂（mitosis）と細胞質分裂（cytokinesis）の機構と，2倍体の前駆細胞から1倍体の配偶子（動物では卵と精子）が生じる減数分裂（meiosis）について学ぶ。

## 1. 体細胞分裂

　細胞周期は，細胞形態の観察から間期とM期とに大きく分けられることは学んできた。細胞は間期に遺伝子を複製し，転写とタンパク質合成を続けることにより細胞成分を倍加してきた。M期には，この倍加した細胞を遺伝子についても，細胞成分についても均等に2つに分配しなければならない。真核細胞での均等分配が原核細胞に比べ複雑である主要原因は，細胞の遺伝情報である核ゲノムが複数の染色体に分かれていることと，また細胞質のオルガネラも倍加させそれが核分裂時に同調して娘細胞に均等分配されなければならないことである。

(1) 細胞分裂期（M期）の細胞の形態変化

　細胞や受精卵を観察しているとM期の形態変化が一番ダイナミックであり短時間に変化する姿に驚かされる。培養細胞ではM期になると，器壁との接着性を失い，球形になり（図11-1参照），またそれに伴い細

胞骨格の再編成が起こる。細胞内では染色体の凝縮，核の崩壊，また小胞体やゴルジ体の小胞への分散も観察される。M期が終わりに近づくと染色体の脱凝縮，核膜の再形成，小胞体やゴルジ体の再構築があり，細胞はオルガネラを均等に分配して親細胞と全く同等の2つの娘細胞に分かれる。このM期の多彩な変化は直接的であれ間接的であれ，第11章で学んだ，M期特異的なサイクリン-Cdk複合体による標的タンパク質のリン酸化とそれに引き続いて起こる脱リン酸化によっている。

### (2) 細胞側の装置

M期に必要な細胞側の主要な装置について見てみよう。有糸分裂は，DNAが凝縮した染色体を均等に分配するステップである。この作業を行うのは第9章で学んだ微小管を主成分とする紡錘体（mitotic spindle）（図12-1）とよばれる装置で，M期前期に形成される。真核細胞では，動物，植物，また微生物の酵母にしても，有糸分裂には紡錘体が

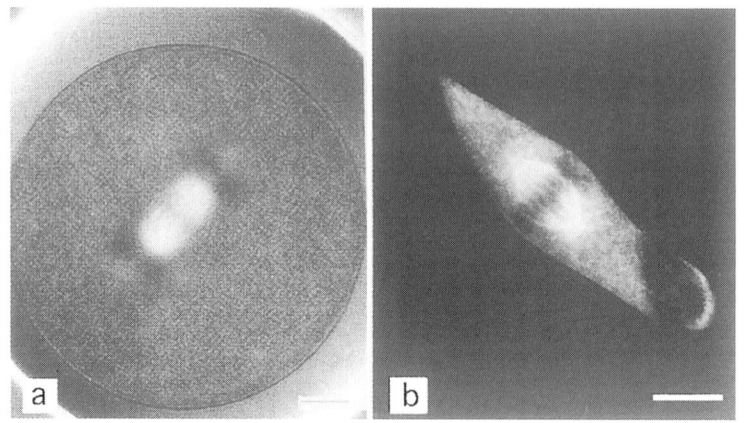

**図12-1　M期中期の顕微鏡像**　中心の白く光っている部分が紡錘体である。
(a) ウニ卵第1卵割の偏光顕微鏡像。(b) 培養細胞のチューブリン蛍光抗体染色像。スケール：15μm

関与している。動物細胞には中心体（centrosome）があり，微小管形成中心（MTOC：microtuble organizing center）として大きな役割を担っているが，紡錘体形成にも重要である。中心体は $G_2$ 期までに複製し，M期に入ると2組の中心体は分離し，それぞれが微小管形成中心となり紡錘体を形成し，染色体の分配に関与したのち娘細胞に分配される。

(3) **有糸分裂**

M期は，核が分裂する有糸分裂と細胞が2つに分かれる細胞質分裂の2つの過程に大別される（図12-2）。有糸分裂の過程はさらに詳細な形態観察から大きく5つのステップに分けられている（図12-3）。（もちろんこれらの過程は一連の流れの中で起きるもので，便宜的に分けているにすぎない。）

**前期**（prophase）　各染色体はすでに複製され2つの姉妹染色分体として両者は結合し，凝縮している。核の外側には複製された2個の中心体が分かれ，中心体から伸びる微小管の数が急増する。放射状に伸びた微小管はチューブリンの重合と脱重合を繰り返しており，個々の微小管も伸長と短縮を繰り返している（図12-4）。多数の短い微小管が中心体から伸び，この状態の中心体を星状体

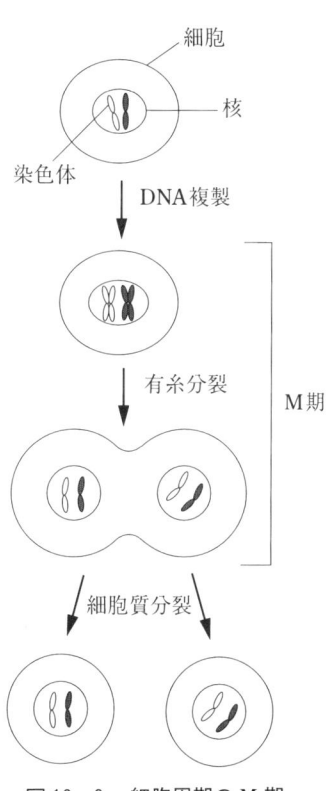

図12-2　細胞周期のM期

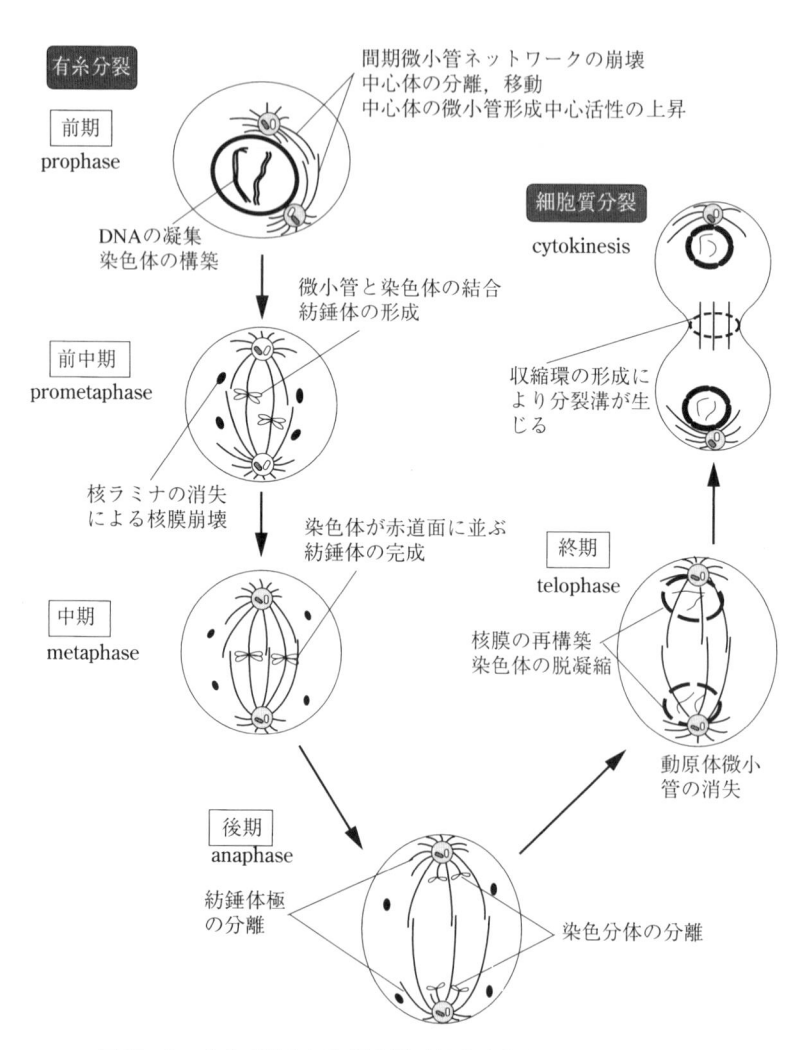

図 12-3　有糸分裂と細胞質分裂 ((参考文献2) 図9-3より)

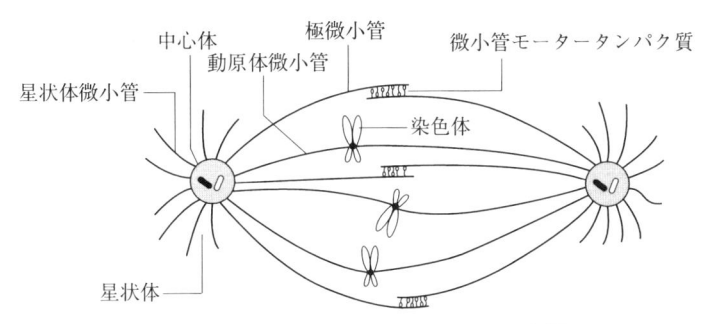

**図 12-4　前中期の紡錘体**（（参考文献2）図9-5を改変）

(aster) といい，星状体微小管（astral microtubles）の一部は，もう一方の星状体から伸びた微小管と重なり合い，微小管モータータンパク質により架橋される．このような微小管を極微小管（polar microtubles）とよび，これにより紡錘体の基本的な骨組みが完成する．

**前中期**（prometaphase）　核膜の崩壊が起こり，星状体から伸びる微小管と染色体が結合する．微小管は染色体上の動原体（キネトコア，chinetochore）とよばれる特殊なタンパク質複合体に結合する（**図12-**

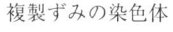

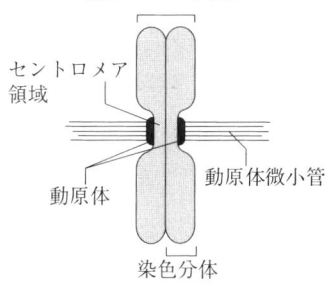

**図 12-5　染色分体と動原体微小管**（（参考文献1）図19-9より）

4，12-5）。この微小管を動原体微小管（chinetochore microtubles）という。各染色体は1組の染色分体から成り，くびれた部分をセントロメア領域とよんでおり，ここに動原体が集合する。2つの星状体から伸びた動原体微小管とそれぞれの染色分体が結合し，染色体を両極から引き合う。チューブリンの重合，脱重合は続いており，染色体は常に両極から引っ張られている。（図12-6）

**中期**（metaphase）　前中期には染色体はいろいろな方向に引っ張られて動き回っているが，次第に両方の紡錘体極から等距離の赤道面に並ぶ。この時期を中期とよぶ。この時期には，動原体微小管のプラス端における重合速度とマイナス端における脱重合速度が等しくなっているため，見かけ上微小管の動きがなくなったように見える。しかし実際には対を成す動原体の付着部位をレーザーなどにより人為的に切断すると，染色体は切られていない極の方へとすぐに移動することから，染色体は両極からの微小管により引っ張られていることがわかる。

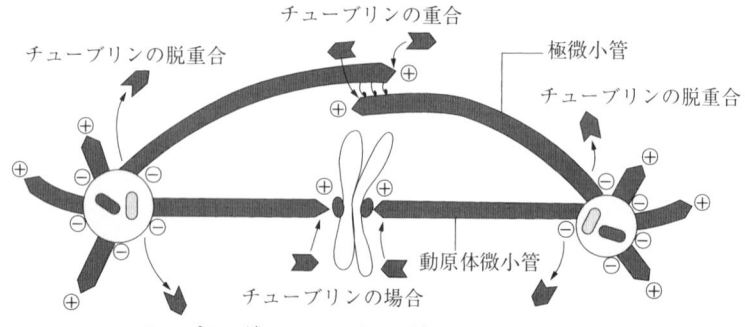

図12-6　**中期の紡錘体における微小管と染色体**　中期では，極微小管および動原体微小管のプラス端におけるチューブリンの重合とマイナス端における脱重合の速度が等しくなり，見かけ上平衡状態になる。
（（参考文献2）図9-6より）

**後期**（anaphase） 後期が始まると，姉妹染色分体を結合しているコヒーシン（後述）とよばれる接着因子が失活し，各染色分体が娘染色体に分離して紡錘体極に向かってゆっくりと移動する（図12-7）。この移動は紡錘体の別々の部分が関与する後期A，後期Bという2つの独立した過程によって起こる。後期Aは，動原体微小管が脱重合することにより短縮し，付着した染色体は動原体微小管の着いている極の方へ移動する。後期Bでは，紡錘体両極の間隔が拡がり，分離した染色体はさらに引き離される。この現象には2つの力が働いていると考えられている。1つは赤道面における極微小管の重合と微小管モータータンパク質による「押す力」であり，もう1つは，星状体微小管の一部が微小管モータータンパク質を介して，紡錘体両極を反対方向に「引く力」で，動原体微小管は短くなり紡錘体両極の間隔が広がり，染色体がさらに引き離さ

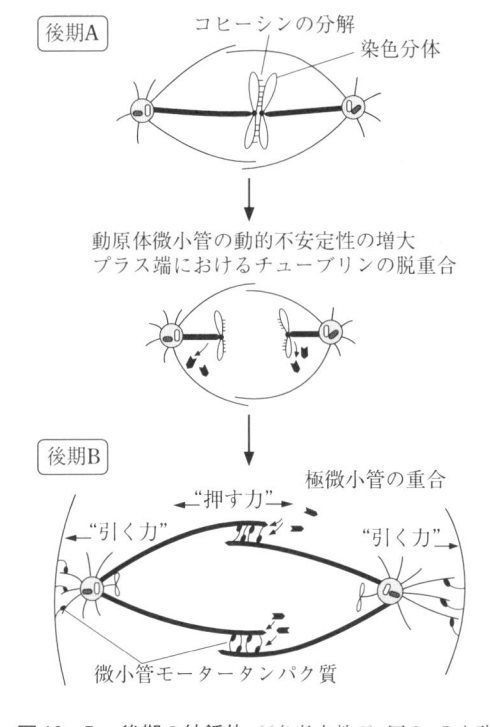

図12-7 後期の紡錘体（(参考文献2) 図9-7を改変）

れることになる。

**終期**（anaphase）　紡錘体両極に分かれた染色体の周辺に核膜が再形成され2個の核となる。同時に染色体の脱凝縮が起こり有糸分裂が終了する。これらの現象は，前期でリン酸化された種々のタンパク質（ラミン，コンデンシン，ヒストンなど）が終期でホスファターゼによる脱リン酸化を受けることにより誘導される。前中期に分散した核膜小胞は，各染色体の周囲に付着し，それが融合して核膜が再形成されると考えられている。

(4) **細胞質分裂**（図12-8）

　有糸分裂に引き続いて細胞質分裂が起こる。動物細胞の細胞質分裂では紡錘体の赤道面に，アクチンとミオシンから成る収縮環が形成される。ミオシンがアクチンフィラメントをたぐり寄せることにより収縮を

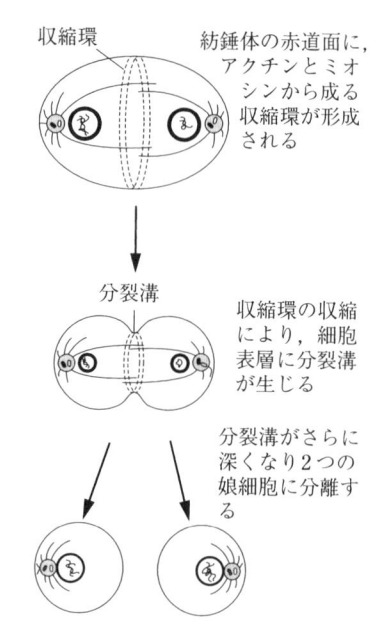

図12-8　細胞質分裂（(参考文献2) 図9-8を改変）

始め，分裂溝（cleavage furrow）を生じ最終的に2つの娘細胞に分かれる。この分裂溝の位置がどのようにして赤道面上に形成されるのか，その分子機構については明らかとなってはいないが，微小管と細胞骨格系との間で何らかの情報伝達が行われていると推測される。一方，高等植物の細胞質分裂の機構は，上記の動物細胞の場合とは異なっている。娘細胞への分離には，収縮環の働きではなく，細胞内に新しい細胞壁ができ，次第に大きくなって細胞質を2分する。

(5) M期に働く他の重要な分子
(5)-1 核ラミン（図12-9）

前中期には，核膜が崩壊（nuclear envelopes breakdown）し小胞に分散する。核の内膜は，核ラミナとよばれる線維タンパク質の網目構造で安定化されている。核ラミナはラミンと名付けられた中間径フィラメントからできており，M期に活性化されたサイクリン-Cdk複合体は核ラミンの特定のセリン残基をリン酸化する。リン酸化された核ラミンは

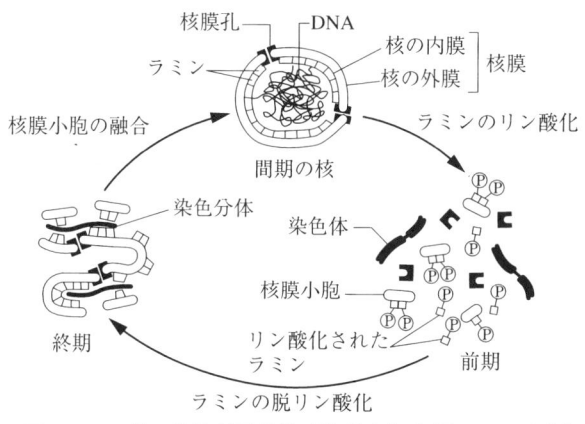

図12-9　核の崩壊と再形成（(参考文献1) 図19-18より）

脱重合を起こし，核ラミナの網目構造は崩壊し，核膜は小胞に分散される。M 期終期には，逆にラミンの脱リン酸化が起こり，これが核膜再形成の引き金となる。このように核膜の崩壊と再形成は，ラミンのリン酸化，脱リン酸化により引き起こされる。

(5)-2　コンデンシン（condensin）

　M 期前期に DNA は染色体まで凝縮し，また終期には脱凝縮して通常のクロマチン構造に戻るが，これは一体どのように制御されているのだろうか。1 つの細胞には合計 2m ほどもある DNA が数 10 本の DNA に分割された状態で核に詰め込まれているわけであるから，これを複製したあときちんと 2 つに分けるということは至難の業といえる。その点から考えると，染色体に凝縮してきちんと分離できる状態にしてから分配するという方法は非常にすぐれた方法である。酵母の変異株を用いた解析から，染色体の凝縮や分配に重要な役割をしている SMC（structural maintenance of chromosomes）と名付けられたタンパク質が見つかった（図 12-10）。SMC タンパク質は分子量が 10 万以上の非常に大き

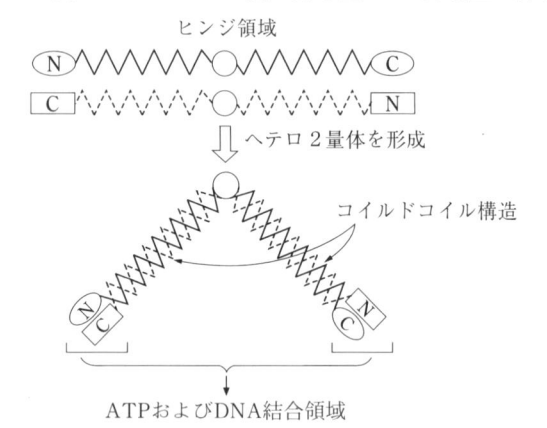

図 12-10　**SMC タンパク質の構造**　SMC タンパク質は進化的に保存された分子量 10 万以上の非常に大きなタンパク質で現在までに 6 種類知られている。N 末端側と C 末端側は球状の構造をしており，どちらも ATP 結合水解活性に関与するモチーフをもっており，中間部のヒンジ（ちょうつがい）領域との間は α ヘリックスに富んだコイルドコイル構造をしている。N 末端と C 末端とをちょうど逆向きにしたヘテロ 2 量体を構成して機能することが知られている。これらは，他の非 SMC タンパク質と複合体を構成し，染色体の凝縮や結合に関与する。

いタンパク質で球状の頭とコイル状の部分をもったヘテロ2量体を形成しており，ATPアーゼ活性をもっている。SMCファミリーのタンパク質はコンデンシンと名付けられたタンパク質複合体の主要成分である。コンデンシンは，ATPを加水分解することによりDNAに超らせん構造をとらせる活性をもっており，M期の染色体凝縮にかかわっていることが知られている。

(5)-3 コヒーシン（cohesin）

M期の染色分体は，中期まではしっかりと結合しており，動原体微小管に引っ張られても分離することはないが，中期に赤道面上に並んだのち対になった染色分体は娘染色体に分離して両極に分かれていく。この染色分体同士の結合に関与する分子としてコヒーシンとよばれるタンパク質複合体が分離された。コヒーシンはコンデンシン同様SMCタンパク質ファミリーに属するヘテロ2量体（コンデンシンを形成するSMCとは異なる分子）と他のタンパク質から成るタンパク質複合体である。コヒーシンは姉妹染色分体のセントロメアをはじめとして染色体にそって多数の場所にあり，両者を結合している。M期後期にコヒーシンが分解されることにより染色分体の結合は解かれ，染色体は両極に分離する。

## 2. 減数分裂

### (1) 概要

動物細胞の2倍体の核は，父親由来の染色体と，それと相同な母親由来の染色体との非常によく似た染色体が1つずつある。この2つは似ているものの完全に同じ遺伝子ではないので，相同染色体とよんでいる。ヒトでは相同染色体は23対あり，全部で46本の染色体をもつ。このように有性生殖する生物の2倍体細胞（$2n$）は父方と母方由来からの非常によく似た2セットの染色体をもっている。有糸分裂では，各染色体が

複製され，複製された姉妹染色分体は正確に均等配分され，それぞれの娘細胞に父方由来と母方由来の染色体1コピーずつが渡される。結局，全く遺伝的に同一の娘細胞が2つできることになる（図12-11 A）。生殖細胞ではこのような体細胞分裂とは異なり，1倍体（$n$）の配偶子（卵，精子）を生ずる減数分裂を行う。この場合には，1対の相同染色体ではなく，父方か母方かのどちらかの染色体しかもたない。受精により2個の配偶子が融合してまた2倍体の染色体数に戻ることになる。減数分裂では核分裂が2度続けて起こることから，それぞれの分裂を減数分裂の第一分裂，第二分裂とよんでいる。

(2) 減数分裂

第1回目の分裂では，複製された相同な母性染色体と父性染色体は対合し4つの染色分体から成る二価染色体とよばれる構造をとることが，通常の有糸分裂とは異なる（図12-11 B）。対合した相同染色体の間に

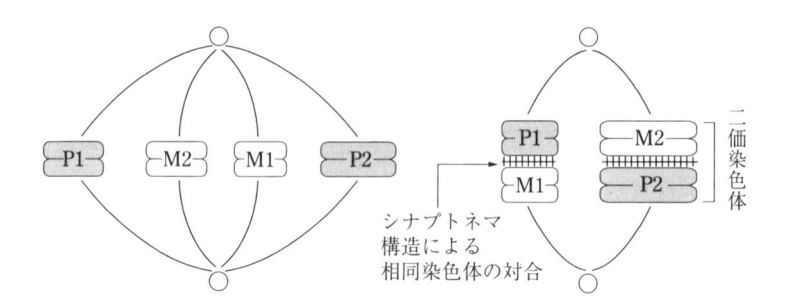

(A) 有糸分裂の中期　　　　(B) 第一減数分裂の中期

図12-11　**有糸分裂と減数分裂中期の染色体**　Mは母性染色体を，Pは父性染色体を表している。有糸分裂(A)では個々の染色体がランダムな順番で赤道面上に並ぶが，減数分裂(B)では，相同な母性染色体と父性染色体とが対をつくった二価染色体とよばれる状態で並ぶ。どちらの場合も染色体はすでに複製されており，4つの染色分体が並んだ状態になっている。相同染色体同士の間はシナプトネマ構造とよばれる複雑な構造により結合している。

はシナプトネマ構造とよばれる複雑な構造体があり，相同染色体の対合を長期間維持している。この構造をとっている間に，母性染色体と父性染色体の一部が相同組換えを起こすことが知られており，これが減数分裂前期の重要な特徴の1つである。この相同組換えにより種の多様性が産み出されることになる。第一減数分裂の長い前期の終わりには，核膜が崩壊しさらにそれぞれの相同染色体が紡錘体の赤道面に並ぶ。第一減数分裂後期では，体細胞分裂時と同様に染色体の分離が相同染色体間で起こり，相同染色体は両極に移動し細胞質分裂が起こることにより第一分裂は終了する。このあと染色体の脱凝縮は起こらず，続けて第二減数分裂が始まる。第二分裂ではDNAの複製を伴わずに各染色体は紡錘体赤道面上に並び，その後染色分体間で分離が起こり，1倍体の配偶子が形成される。つまり，減数分裂では1回のDNA複製により4倍体となった母細胞が，連続して2回分裂することで，1倍体DNAをもつ娘細胞が4つ形成されるわけである。この場合には，1対の相同染色体ではなく，父方か母方かのどちらかの染色体しかもたず，受精により2個の配偶子が融合してまた2倍体の染色体数に戻ることになるわけである。減数分裂の際に母性染色体と父性染色体のどちらを受け継ぐかは全くランダムに決まるので，配偶子での染色体は父方と母方の染色体がランダムに混ぜ合わさったものとなり，その組み合わせは無数といってよい（計算上は有限であるが，染色体が相同組換えを起こすので，そのことを考慮するとその組み合わせは無数といってよいだろう）。

　ときには，相同染色体の分離がうまくいかず不分離（nondisjunction）とよばれる現象が起こることがある。この場合には，生じた1倍体の配偶子はある染色体を欠失したり，また逆に余計にもっていたりすることになる。このような配偶子からは異常な胚が生じることになり，通常はこのような異常胚は発生の過程で死んでしまうことになるが，な

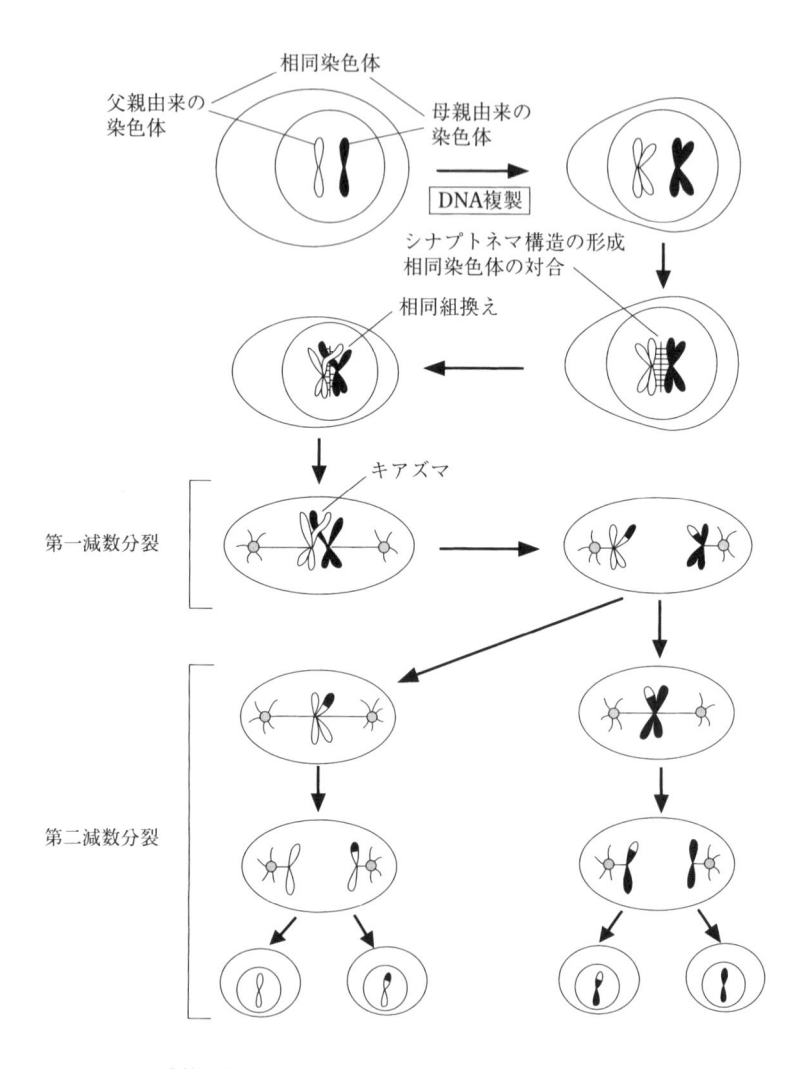

図 12-12　減数分裂 ((参考文献2) 図 9-11 より)

かには生き延びる場合がある。その例がヒトのダウン症候群とよばれるもので、第21染色体が3本ある（トリソミーという）ために起こる。症状としては心臓の形態異常、全身の筋肉弛緩、知能障害を起こすことが知られており、800〜1000人の出産に一人の割合で起こることがわかっている。このように、遺伝子がよけいにある場合にも生物が正常な個体を形成するには不都合である。これは染色体が1本多いために、遺伝子産物の量も正常より多くできている（遺伝子量効果：gene dosage effect）ために不具合が起こったと考えられている。

### (3) 性の決定

ヒトの染色体は22組44本の常染色体と1対の性染色体（XとY）2

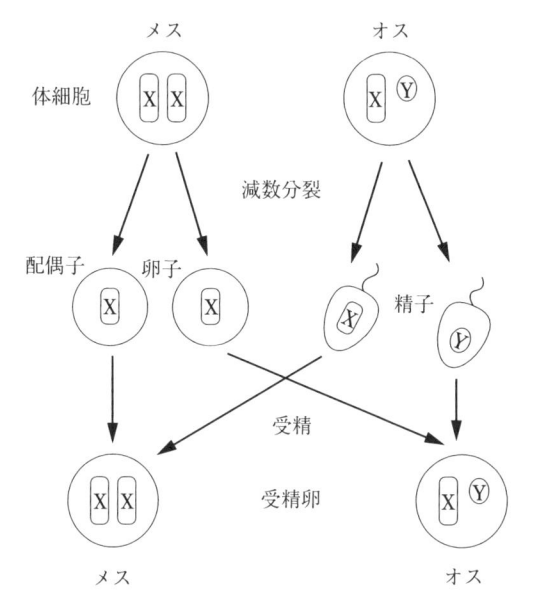

図 12-13　**減数分裂と性の決定**　ここでは簡略にするために、性染色体のみを示してある。ヒトの配偶子の場合には、このほかに22本の常染色体がある。

本の合計46本からできている。女性はX染色体を2本，男性はXとYを1本ずつもっている。減数分裂により配偶子が形成されると，女性からは22本の常染色体とX染色体をもつ卵子と，男性からは22本の常染色体とXあるいはY染色体をもつ精子とが形成される。これらの卵子と精子が受精することにより，2倍体の受精卵ができ，性染色体としてXを2本もつ場合と，XとYを1本ずつもつものが1：1の割合でできることになる。この分配により男性と女性が決定される（図12-13）。これはヒト以外の大部分の生物でもほぼ同様である。女性の場合には父方由来と母方由来のX染色体を1つずつ受け継ぐことになるが，発生初期に2つの染色体のうちどちらかがランダムに不活化を受けることがわかっている。これはX染色体の遺伝子産物が2倍量あるとおそらく致死的になるためと考えられているが，この結果女性の体細胞はX染色体についてキメラ（母方由来のX染色体が発現しているものと父方由来のX染色体が発現しているもの）になっていることが知られている。

● 参考文献

1) B. Alberts 他著，中村桂子他監訳「Essential 細胞生物学（原書第2版）」南江堂（2005）．
2) 石川春律他編「分子・細胞の生物学II」（岩波講座・現代医学の基礎2）岩波書店（2000）．
3) H. Lodish 他著，石川章一他訳「分子細胞生物学」第5版，東京化学同人（2005）．

〈練習問題〉
1. 体細胞分裂（有糸分裂）と減数分裂の違いを挙げよ。
2. 紡錘体形成における極微小管と動原体微小管の役割を述べよ。
3. 染色体交差を無視した場合，ヒト生殖細胞が減数分裂をすると何通りの異なる配偶子が生じるか計算せよ。

# 13 細胞間のコミュニケーション

高橋　淑子

　私たちの体は，60兆個から100兆個ともいわれる細胞が集まってできている。このように多くの細胞から成る生命体を，多細胞生物とよぶ。多細胞生物は，原生動物（ゾウリムシなど）のような単細胞生物と区別される。多細胞生物の体では，細胞はお互いに密接に連絡を取り合いながら，さまざまな器官を形成し，そして複雑な機能を発揮できるようになる。本章では，細胞同士が接しているときに，それらがどのようなコミュニケーションをとり，またその連絡が細胞の機能や形づくりにどういう意味をもっているのかについて解説する。

## 1. 組織の成り立ちと細胞の種類

　体を構成するおびただしい種類の細胞も，大まかに分類してとらえると理解しやすい（図13-1）。例えば，体の細胞は生殖能力という観点か

生殖能力で2種類に分類
● 生殖細胞
● 体細胞

細胞機能で分類
● 分泌細胞 など

細胞の形態で分類
● 上皮細胞
● 間充織細胞

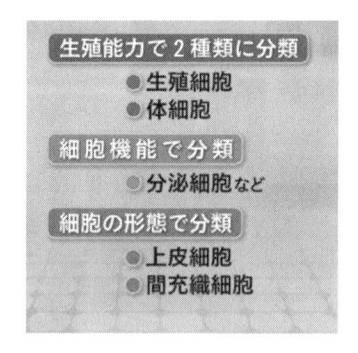

図13-1　細胞の分類

ら，「生殖細胞」と「体細胞」という2種類に大別できる。生殖細胞とは，精子と卵子形成に直接あずかる細胞（つまり基本的にはこれらはすべて生殖器官の中に存在する）のことであり，その他はすべて体細胞とよぶ。また機能を考慮に入れた分類では，例えば粘液をつくるような「分泌細胞」といった呼び方もある。本章ではさらに別の視点である，細胞の形態から見た分類（「上皮細胞」と「間充織細胞」）について詳述し，その理解をもとに細胞間の接着とコミュニケーションについて学ぶ。

## 2．細胞が集まって組織をつくり，組織が集まって器官をつくる

体を構成する最小単位は細胞である。しかし細胞はある一定の規則をもって集団をつくる。細胞が集まってつくる最小の集団単位を組織とよぶ。組織と組織が組み合わさって，生理的機能をもった器官をつくる。腎臓，胃，小腸などは器官であり，これらの器官の中にはさまざまな異なる組織が存在する。

## 3．上皮細胞と間充織細胞

成体においては，骨や筋肉，そして長い軸索をもつ神経などが目立つ組織かもしれない。しかし次章で学ぶように，これらの細胞も，発生過程においては，ごく単純な細胞群からできてくる。体がまだ単純な構造をとっているとき，細胞の種類はその形態から，上皮細胞と間充織細胞の2種類に大別できる。上皮細胞は一般的に一層の細胞群として整然と並ぶのに対し，間充織細胞は不定形で，細胞外基質の中に埋まっていたり，また他の場所まで移動したりする（図13-2）。発生の過程でさまざまな組織や器官が形成される際，上皮細胞が間充織細胞に，また間充織細胞が上皮細胞へとその形態を変化させることがしばしば起こる。この

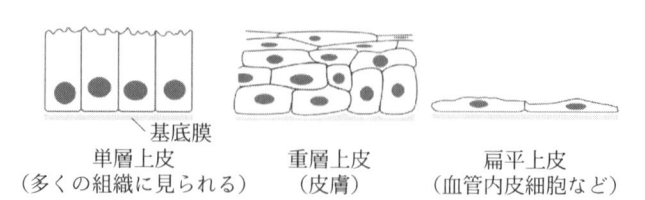

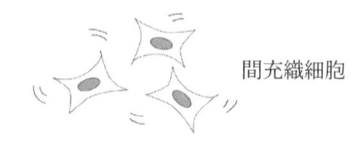

図 13-2　代表的な上皮細胞と間充織細胞の形

単層上皮（多くの組織に見られる）／基底膜　　重層上皮（皮膚）　　扁平上皮（血管内皮細胞など）

間充織細胞

ような変化を,「上皮－間充織転換」とよぶ。上皮－間充織転換は,器官形成に重要であるのみならず,上皮性がん細胞の転移にも大きくかかわっていることから,この現象の分子機構の解明は重要な課題となっている。言い換えれば,上皮細胞の成り立ちを正しく理解することが非常に大切である。

上皮－間充織細胞の詳細をみる前に,図 13-3 で示すように,小腸の

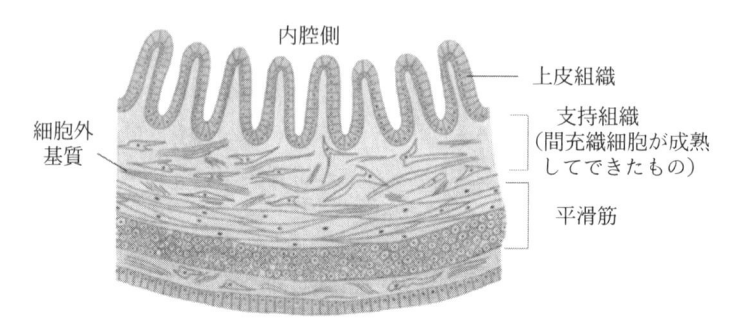

図 13-3　組織の成り立ち　小腸を例として
（参考文献 1　より改変）

内腔側／上皮組織／支持組織（間充織細胞が成熟してできたもの）／平滑筋／細胞外基質

例をとって，これらの細胞の存在様式を見てみよう。小腸では，食べ物が通る内腔に面して一層に並ぶ組織が上皮細胞群であり，その周辺には間充織細胞から発達した支持組織（結合組織ともいう）が存在する。さらにそれらの外側を，2種類の平滑筋細胞群が囲む。そのうち1種類の筋肉組織は断面に並行に，もう1つは垂直方向に配列されているため，小腸の収縮と蠕動運動が可能となる。このように，いくつかの異なる組織が合わさって，小腸という器官が形成される。

## 4．上皮細胞の特徴

上皮細胞は，基底膜とよばれる非細胞性基質の上に整然と並ぶ（図13-2）。基底膜を構成する成分は，上皮細胞が産生する。上皮細胞同士の間には，さまざまな細胞間結合装置が存在し，お互いの細胞はきっちりと接着している。また上皮細胞は基底膜に近い部分と遠い部分との間に極性をもち，近い部分を基底側（basal），遠い部分を頂端側（apical）とよぶ。細胞間の隙間には，主に密着結合（Tight Junction），接着結合（Adherence Junction），およびデスモソーム結合のための特殊な構造が見られる（図13-4）。頂端－基底の極性の重要性は，例えば小腸上皮

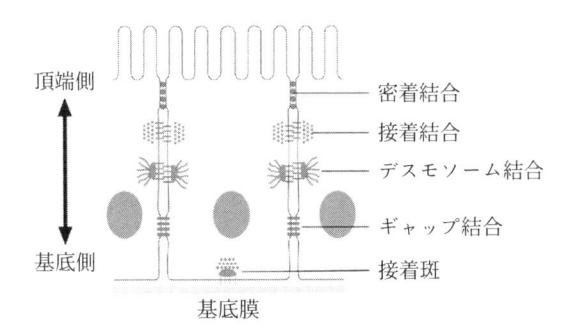

図13-4　上皮細胞同士をつなぎ止める接着装置
（参考文献1　より改変）

が，その頂端面から食べ物の栄養を吸収し，細胞の基底側からその栄養を血液の方に送り出すということからも，容易に理解できるであろう。

## 5. さまざまな細胞間結合

### (1) 密着結合（Tight Junction）

　上皮細胞の最も頂端面に近い部分では，隣り合う細胞の細胞膜がごく近接している。この独特の接着様式を密着結合（Tight Junction）とよび，特殊な膜タンパク質が両方の細胞膜上に存在することで，この結合が保たれる（図13-5）。細胞の密着結合により，上皮細胞の頂端面に存在する分子が，細胞間の間隙をぬって基底面方向に漏れ出すということが防がれる。事実，密着結合にかかわる遺伝子の機能が欠損すると，例えば皮膚（本来は密着結合をもつ組織）の下を支える組織から体液が漏れ出し，水疱ができるという深刻な疾病を引き起こす。密着結合を構成するタンパク質として，クローディンやオクルーディンが知られている。節足動物では，密着結合に類似の機能をもつものとして，Septate

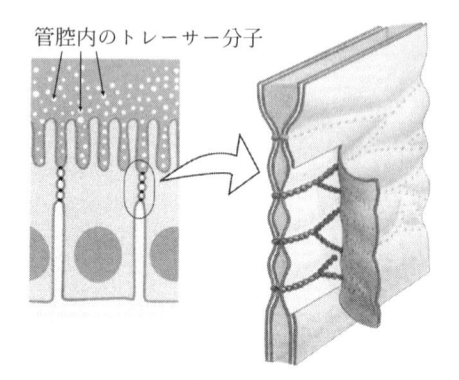

図13-5　**密着結合の役割と構造**　密着結合は，上皮細胞の頂端側に存在する分子が基底側に漏れ出すのを防ぐ。密着結合が存在する場所では，隣り合う細胞の膜がクローディンなどのタンパク質の作用により密に接している。（参考文献1　より改変）

Junction があるが,その構造は脊椎動物のものとは若干異なる。

(2) **接着結合（Adherence Junction）**

上皮細胞において,密着結合のすぐ基底側に存在するのが接着結合（Adherence Junction）であり,この接着結合を介して,隣り合う細胞で細胞骨格の1つであるアクチンフィラメントが規則正しく配置される（図13-6）。細胞間ではカドヘリン（後述）とよばれるタンパク質が,接着分子として機能する。接着結合により,上皮細胞の構造はしっかりと保たれる。また発生の過程で,一層の上皮細胞シートが折りたたまれ,やがて管状構造がくびれ切れるという場合にも,接着結合を介して張り巡らされているアクチンフィラメントの収縮が牽引力として働く（図13-7）。このように接着結合は,上皮細胞の構造維持とダイナミックな形態変化の両方に,大きな役割を担っている。

(3) **デスモソーム結合**

接着結合からさらに基底側には,デスモソーム結合が存在する（図13-4）。細胞間隙は接着結合と同じくカドヘリン様分子が埋めているが,

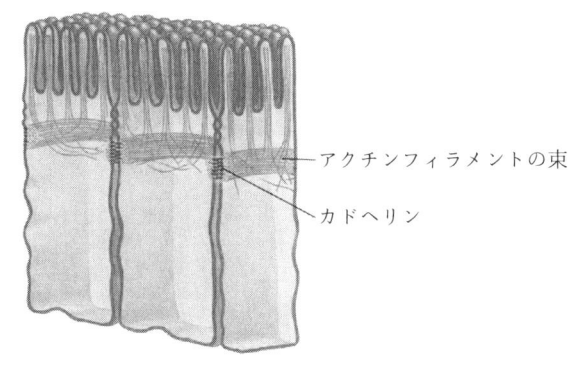

図13-6 **上皮細胞の頂端側では,収縮性のアクチンフィラメントの束が走っている** これらのアクチンフィラメントの束は,接着結合を構成するカドヘリン分子を介して,隣り合う細胞同士を連結させている。（参考文献1 より改変）

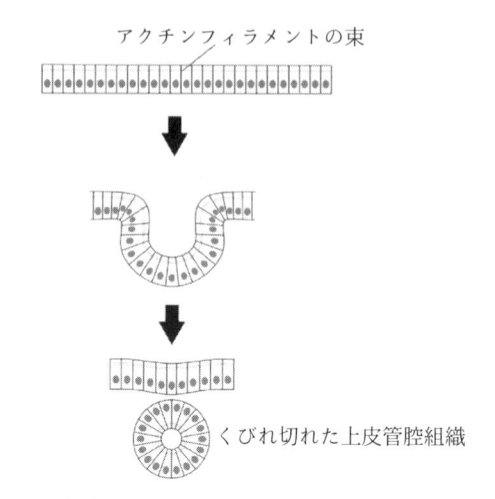

図 13-7　一層の細胞シートから管状の上皮組織がくびれ切れるときの様子
上皮細胞の頂端側を走るアクチンフィラメントの束が巾着のひものように収縮し，細胞シートがくびれていく。(参考文献 1　より改変)

細胞内では中間径フィラメントが裏打ちして細胞の形態を維持する。

### (4) ギャップ結合（図 13-8）

　上記 3 種類の細胞間結合では，隣接する細胞は直接には連結されていない。しかしギャップ結合とよばれる特殊な「連結装置」が存在する部分においては，細胞と細胞が直接連結する。ギャップ結合の出来方をみると，まず隣接する細胞の細胞膜上にコネキシンタンパク質の複合体（コネクソン）が構成され，次にこれらのコネクソン同士がつながって 1 つのトンネルのような構造をつくる。ギャップ結合を通して，低分子量のタンパク質，イオン，ヌクレオチドなどが隣り合う細胞同士を行き来できるが，高分子量の物質は通過できない（図 13-8）。ギャップ結合は細胞の状態によって閉じたり開いたりすることで，細胞間の連絡を微妙

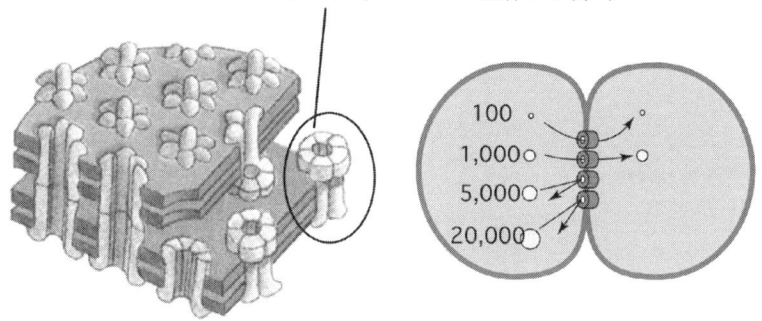

**図 13-8 ギャップ結合** 隣り合う細胞からそれぞれコネキシン6個より成るコネクソンが突出し，コネクソン同士が連結してチャネル構造を形成する。ギャップ結合を介して低分子は通過できるが，分子量5,000を超えると通過できない。（参考文献1　より改変）

に調節しているらしい。ギャップ結合の機能がよく知られている例として，心筋がある。ギャップ結合の働きによって，隣接する心筋細胞間で拍動リズムが同調する。節足動物ではイネキシンがコネキシンにかわるものとして知られている。

## 6. カドヘリン

細胞同士が接着する過程では，細胞間接着分子が重要な働きをもつ。そのなかでも最も代表的な分子であるカドヘリンを紹介する。カドヘリンは前京都大学教授の竹市雅俊博士によって発見された分子であり，細胞の形態や接着性の維持のみならず，発生過程における細胞のダイナミックな動きや細胞の選別にも大きな役割を担っている。

(1) **カドヘリン分子とは**

カドヘリンは1回膜貫通型タンパク質で，その細胞外領域には"カド

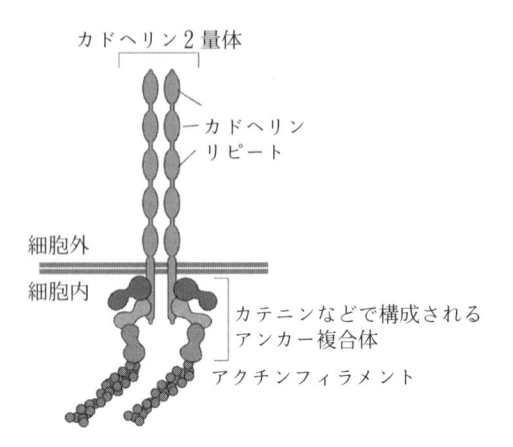

図 13-9　細胞膜を貫通するカドヘリン分子
（参考文献 1 より改変）

ヘリンリピート"とよばれる構造が繰り返し存在する（図 13-9）。カドヘリンの細胞内領域は，カテニンなどのタンパク質を介して，アクチンフィラメントと連結する。カドヘリン分子が細胞接着機能を発揮するためには，カルシウムイオンの存在を必要とする。このカルシウム依存性はカドヘリン特有のものであり，カルシウム非依存性の細胞間接着分子（N-CAM など）とは大きく異なる。現在では，多くの類似したカドヘリン分子が同定されており，それらをまとめて「カドヘリンファミリー」とよぶ。なかでも代表的な分子は，E-カドヘリン，N-カドヘリン，P-カドヘリンである。E-，N-，P-などの名前は，カドヘリンの発見に用いられた組織の名前に由来する（E＝上皮細胞，N＝神経系細胞など）。隣り合う細胞が同じタイプのカドヘリンを発現する場合（ホモフィリックな結合）に，それらの細胞は接着する。またカドヘリンの細胞内領域で，カテニンを介してアクチンフィラメントにしっかりと連結されているこ

とも，接着能力の発揮に必須である．

(2) 細胞の振る舞いを司るカドヘリン

隣り合う細胞が，もし異なるカドヘリン分子を発現していたら，それらの細胞はどのように振る舞うのだろうか？ この問いに答えるため，当時京都大学の能瀬，竹市らによってエレガントな実験が行われた．その実験では，E-カドヘリンとP-カドヘリンを発現している細胞をランダムに混合し，そのまましばらく培養した．するとE-カドヘリン同士，P-カドヘリン同士というふうに，カドヘリンの種類によって見事な細胞の選別が起こったのである（図13-10）．このような解析を基礎として，現在では，実際に体がつくられていく過程においても，カドヘリンがさまざまな細胞を選別するための司令塔として働いていることが明らかになっている．つまりダイナミックな形態形成が進行する際，細胞膜上のカドヘリンの種類が変化することによって，お互いの細胞同士が混ざり合ったり，また選別されたりするのである．例えば，図13-7で見たような上皮細胞シートからのくびれ切れ現象においても，カドヘリンのスイッチングは重要な役割をもつ．例えば，図13-11で見るように，水晶

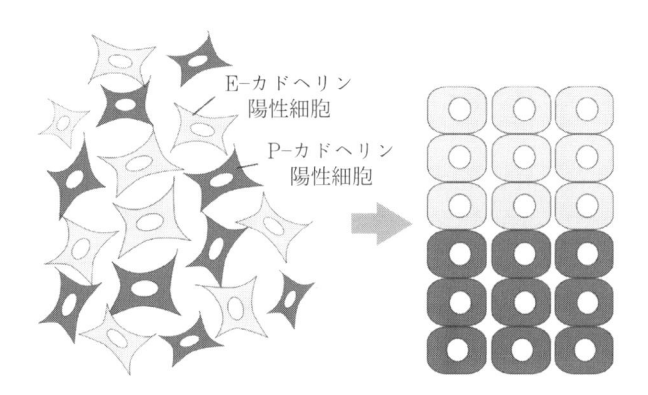

図13-10　カドヘリンは細胞の選別に重要な細胞間接着分子である

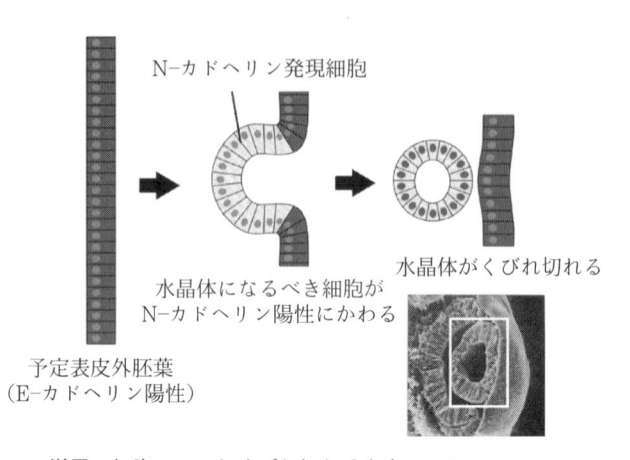

図13-11　単層の細胞シートがくびれ切れるときのカドヘリンのスイッチング
　　　　このような形態形成は体のあちこちで見られるが，ここでは外胚葉の細胞シートからくびれ切れてつくられる水晶体の例を示す。
　　　　（写真は参考文献2　より）

体になる組織が上皮細胞シートからくびれ切れる際，最初全体でE-カドヘリンが発現しているが，やがてある部分でのみN-カドヘリンが発現し始め，最終的にはその部分がくびれ切れて管構造をつくるようになる。

　カドヘリンの重要性は，正常の発生過程に限ったことではない。例えばがん細胞の転移とカドヘリンの関係がかなり調べられている。がん転移の過程では，本来は正常な細胞接着能力をもっていた細胞が，がん化に伴い何かのきっかけでバラバラになり，血管の中に進入し，やがては血流に乗って体の他の部分に運ばれていく（図13-12）。このとき，カドヘリンの機能が低下することがわかっている。このことを裏付ける実験として，接着性を失ったある種のがん細胞に，試験管の中でカドヘリンの機能を回復させてやると，これらの細胞は接着性を取り戻し，かつ三

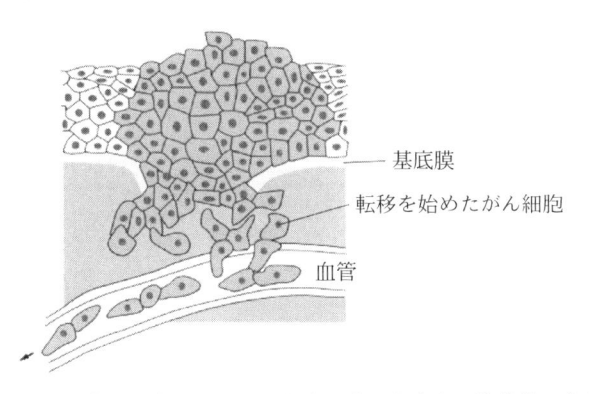

**図13-12 がんの転移が起こるとき，細胞同士の秩序ある接着性が失われ，細胞は勝手に振る舞うようになる** 上皮細胞由来のがん細胞は基底膜を破り，血流に乗って体のあちこちに運ばれて転移する。
（参考文献2 より改変）

次元的な構造まで見事につくりあげたという報告がある。

## 7．細胞と基質との接着

上皮細胞の基底側には，細胞外基質である基底膜が存在する。また間充織細胞の中には，自分自身が分泌した細胞基質の中に埋まっていくものもある（軟骨など）。このように体の中のほとんどの細胞は細胞外基質と密接な関係をもっているが，その詳細の研究は最近始まったばかりである。細胞外基質の役割として，細胞同士の接着を補強して三次元構造をしっかり保つという機能に加えて，細胞内に積極的にシグナルを伝えるということがわかりつつある。

細胞－基質間の接着には，インテグリンという細胞膜タンパク質が重要な役割をもつ。インテグリンは，$\alpha$，$\beta$のサブユニットがヘテロダイマーをつくり基質との接着にかかわることに加え，細胞内へシグナルを送

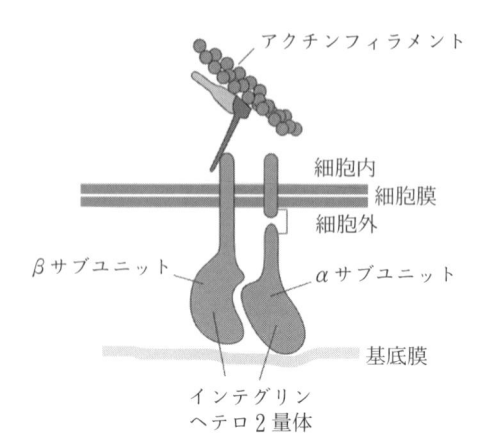

**図 13-13 インテグリン分子と細胞−基質間接着**
（参考文献1 より改変）

る受容体としても機能する（**図 13-13**）。さらに α, β とも多くの種類が存在するため，さまざまな組み合わせがインテグリンの多様性を生んでおり，それぞれのインテグリンは固有の細胞外基質と結合するらしい。一般的に，インテグリンと基質との接着力は，カドヘリン同士による接着力に比べると弱い。このことは，例えば移動能をもつ間充織細胞もインテグリンを発現しているが，それらが周囲の基質とマイルドに接着していることからも理解できる。

細胞外基質は，実にさまざまなタンパク質により構成される。多くの支持組織ではコラーゲンが代表的な基質である。また上皮性の細胞はラミニンを多量に産生し，基底膜を構成する。間充織細胞を取り巻く基質としては，フィブロネクチンがよく知られている。

## 8. おわりに

細胞間接着におけるカドヘリン，そして細胞−基質間接着におけるイ

ンテグリンとも，細胞内領域においてはアクチンなどの細胞骨格タンパク質と連結し，細胞の形態の維持やダイナミックな変化を制御している。もちろん細胞は，他のさまざまな刺激（成長因子やホルモンなど）も受けており，これらの細胞外情報と，この章で学んだような接着現象から伝わる情報の両方をうまく処理しながら，細胞分化，細胞増殖，細胞死などに正確に情報を伝えているのである。

●参考文献
1) Alberts, B., et al., (2002) "Molecular Biology of THE CELL", 4th edition, Garland Science.
2) Alberts, B., 他著，中村桂子他監訳「Essential 細胞生物学」南江堂（2005）.

〈練習問題〉
1. 細胞，組織，器官のお互いの関係を述べよ。
2. 上皮細胞の特徴を述べよ。
3. カドヘリンとはどのような機能をもつ分子か述べよ。

# 14 発生と分化

高橋　淑子

　たった1つの受精卵が細胞分裂を繰り返し，やがては芸術作品ともいうべき複雑な体が出来上がる。このような謎にみちた発生の過程で，細胞はどのような振る舞いをみせてくれるのだろうか。またその華麗な振る舞いは，どのような遺伝子によってコントロールされているのだろうか。細胞の中，そして細胞と細胞の間で繰り広げられるさまざまなイベントが結集されて，初めて秩序正しい体づくりが完成する。

## 1. パターンの重要性

　いま，受精卵から50kgの体ができてくるとしよう。このとき，細胞は盛んに細胞分裂を繰り返す。しかしながら，ひたすら細胞分裂を繰り返すだけでは単に「肉塊」ができてしまう。秩序だった機能をもつ体が出来上がるには，まず発生の早い段階でパターン（領域）が確立し，そのパターンに沿って細胞が正しく分化することが必要である。もしこのパターンがうまく出来上がらないと，たとえ細胞1つ1つが分化したとしても，体は正常には機能しない。仮に骨や胃腸の細胞が「分化」しても，それが例えば脳の中であれば，それらは決して正しい発生過程を遂げていないことは簡単に理解できるであろう（図14-1）。

　発生現象の理解には，これまで学習してきたような細胞の核内でのDNAの複製やRNAの転写から，細胞内でのタンパク質の翻訳や細胞膜の機能，そして細胞間の情報伝達に至るまで，細胞にまつわるすべての知識を結集する必要がある。本章においてはさらに，発生現象を「細

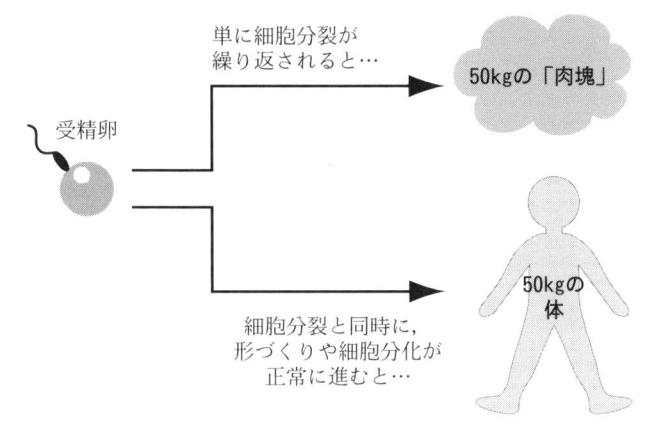

図14-1　個体が発生するとき，受精卵は盛んに分裂すると同時に，細胞はさまざまな種類へと分化し，秩序ある形をつくる

胞の社会」の変化としてとらえ，その社会の中での細胞の挙動や分子の役割について概説する。具体的には，体の中でダイナミックに移動する細胞や，隣り合う細胞間のコミュニケーションと器官形成との関係について，その分子メカニズムを紹介する。

## 2．脊椎動物の体の成り立ち
### ―ニワトリ胚をモデルとして―

　脊椎動物は大きく分けて，サカナやカエルなどの水中や水場の近くで棲息するものと，哺乳類や爬虫類・鳥類のように水場から離れていても発生できる2種類に分けられる。後者を総称して，羊膜類とよぶ（図14-2）。羊膜類は受精卵から発生を進める際，胚（Embryo；ヒトでは胎児にあたる）が薄い羊膜に囲まれているため，乾燥から身を防ぐことができる。羊膜類に属する動物の発生様式はよく似ていることから，ニワ

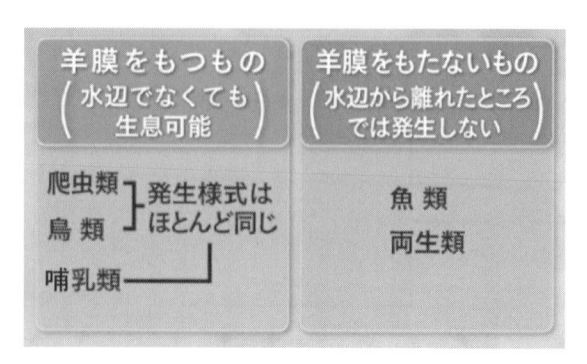

| 羊膜をもつもの<br>(水辺でなくても<br>生息可能) | 羊膜をもたないもの<br>(水辺から離れたところ<br>では発生しない) |
|---|---|
| 爬虫類 ┐<br>鳥　類 ┤ 発生様式は<br>　　　　 ほとんど同じ<br>哺乳類 ┘ | 魚　類<br>両生類 |

図 14-2　脊椎動物は，羊膜をもつ動物ともたない動物に分けられる

トリ胚を用いて見出されるメカニズムの多くはわれわれ人間にもあてはまる。

　図 14-3 にニワトリの発生の様子を示す。ニワトリ有精卵を孵卵器に入れて 1 日経過すると，すでに胚が見て取れるようになる。もっともまだ一本の筋のようなもので，これを「原条」とよぶ。われわれの体を構成するすべての細胞は，原条から生まれてくる。孵卵後 3 日もすれば，体の器官の原型がはっきりと認められる。例えば心臓の拍動や，脳，脊髄，眼，腸，背骨などの原型が識別できる。背骨の原型である小さな繰り返し構造は，「体節」とよばれる組織である。また脊髄の原型として体

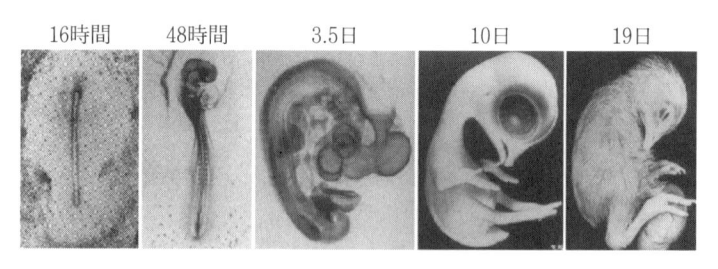

16時間　　48時間　　3.5日　　10日　　19日

図 14-3　ニワトリの発生　時間は孵卵後（参考文献 1　より改変）

の中央に伸びている組織は「神経管」とよばれ，単純な管状の組織である。孵卵後5日目ともなると，大きな眼の中には黒い網膜も出来上がり，また大脳，中脳，小脳などもはっきり区別できる。トリの前肢はやがては翼になるものだが，この時期では，前肢，後肢ともよく似た形をしており，これらはわれわれヒトの胎児における前肢後肢とそっくりの形をしている。

　脊椎動物の成体は，決して単純ではないことは誰でも知っている。しかしながらその出来上がる過程を順を追って見てみると，最初はごく単純な構造だったものが，徐々に複雑化していく様子がよくわかる。

## 3．初期形態形成は"折り紙細工"

　ニワトリ胚は，孵卵して3日目までは扁平な構造をとっている。つまり二次平面上に将来の体の原型が見て取れるのである（もちろんヒト胎児も同様である）。では扁平な構造がどのようにして三次元的な体へと変化していくのであろうか？　体全体の構造が複雑になるにつれて，その内部構造においても，最初は単純だった細胞集団から少しずつ複雑な形が出来上がる。

　ニワトリ2日目胚の体幹部（胴体）の模式図（図14-4）でわかるように，その内部の基本構造としていくつかの特徴がある。まず，体の中央に神経管が前後に長く伸びている。その両側に左右対称に組織が存在する。これらの組織は，その上下にあるそれぞれの細胞シートによってサンドイッチされた格好になっている。上部の細胞シートを外胚葉，下部の細胞シートを内胚葉，そして神経管の左右に存在する細胞を中胚葉とよぶ。簡単にいうと，中胚葉は外胚葉と内胚葉に挟まれた組織であると考えてよい。

　扁平な2日目胚がさらに発生を進めると，2枚に分かれている中胚葉

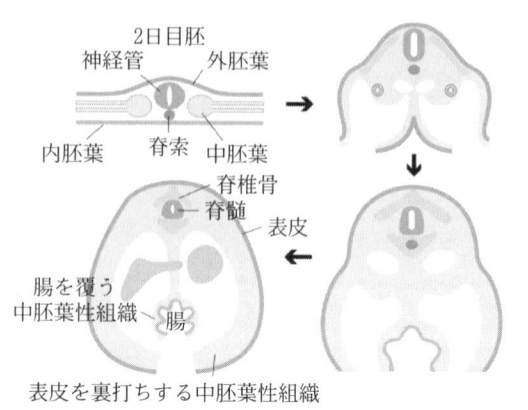

図14-4　トリ初期胚の断面図で見る発生過程の進行の様子

の左右両端が，少しずつ下側中央に寄ってきて，やがて融合する。同時に外胚葉も下部中央で融合する。このようにしてできた「筒状」の構造こそが，われわれの胴体の切断面である。模式図14-4の最後の段階の図は成体断面の構造を模しており，そこでは外胚葉由来の細胞シートが体の外側を覆う表皮になっていることがわかる。体の背側においては，中胚葉由来の組織が背骨や骨格筋をつくると同時に，神経管がさらに複雑化した脊髄が背骨に守られるようになる。2日目胚でみられた2枚の中胚葉シートは，それぞれ表皮を裏打ちするものと，腸などを取り囲む組織へと発達する。体の内部につくられる腸は，2日目胚のときには胚の下部にあった扁平な内胚葉が丸く管状になってできたものである。このように複雑な体も，ごく単純な構造からつくられること，またその単純な構造の中にも，体の正中線に並ぶ組織，そして体の外側や内側などの原型が規則正しく配置されていることがわかる。

図14-5では，神経管の形成過程がさらに詳しく示されている。神経

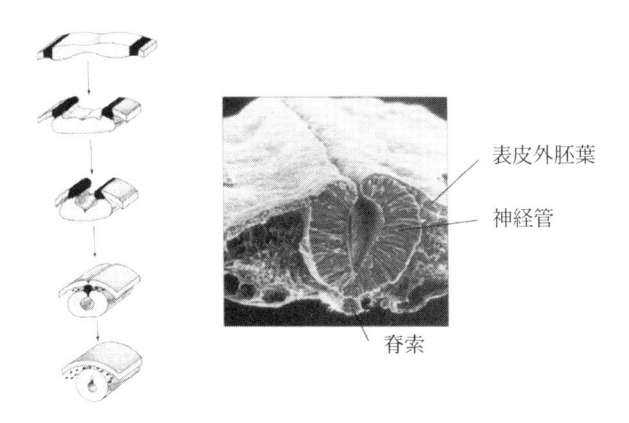

図 14-5　神経管は外胚葉の細胞シートが折りたたまれて出来上がる
このとき同時に間充織様の神経冠細胞が移動し始める。
（参考文献 2　より改変）

管も表皮も，もとは一枚の外胚葉からできてくる（この過程は図 14-4 よりもさらに早い発生段階で起こる現象である）。外胚葉の中の，正中線に沿った部分が体の内部に潜り込み，やがてはそれらが管構造として外胚葉からくびれ切れる。このときもう1つ重要なイベントが起こる。外胚葉から神経管がくびれ切れると同時に，そのくびれ切れの部分から特殊な細胞集団が動き始め，体の中を移動するようになる。この細胞集団を神経冠細胞（神経堤細胞ともいう。英語では Neural Crest）とよぶ。

## 4. 移動しながら形をつくりあげる細胞集団
―ダイナミックな神経冠細胞の移動を追う―

すでに述べたように，神経冠細胞は神経管が外胚葉からくびれ切れるのとほぼ同時に出現し，高い移動能を獲得したのち，体の中をダイナミックに動く。このとき，もとは上皮性の外胚葉だった細胞が間充織細胞

へと転換する（上皮−間充織転換；前章参照）。神経冠細胞は，移動しながらさまざまな細胞種へと分化する。代表例としては，体のすべての色素細胞，そして体幹部におけるすべての末梢神経である。末梢神経とは，痛い・熱いなどを感じる感覚神経や交感・副交感神経などをいう。頭部では神経冠細胞の分化様式はさらに複雑であり，頭蓋骨や顎骨をもつくりあげる。

　では神経冠細胞の移動経路は，どのようにして解析されたのだろうか？　1960年代後半，フランスの女性科学者ニコル・ルドワラン博士はウズラとニワトリの細胞が特殊な染色（フォイルゲン染色）により，異なって見えることに気がついた。この染色法では，ウズラ核内のヘテロクロマチンが明瞭に見えるが，ニワトリでははっきりしない（図14−6）。この違いをうまく利用し，神経冠細胞の移動を追跡できるのではないかと考えた。これは例えば，渡り鳥を標識し追跡することに似ている。

　ルドワラン博士はウズラの胚（ドナー）から神経管の一部を切り取り，

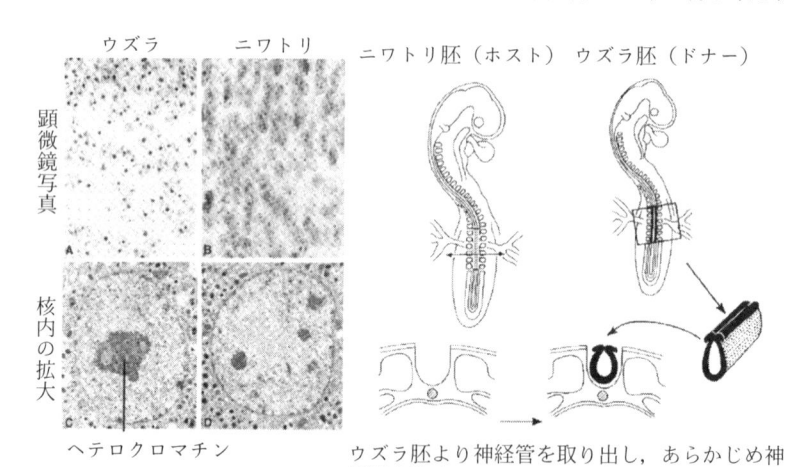

**図14−6　ウズラとニワトリキメラ胚の作成**　ウズラとニワトリでは細胞核の染色像が異なる。これを利用すればキメラ胚の中で移動するウズラ細胞が追跡できる。（参考文献3　より改変）

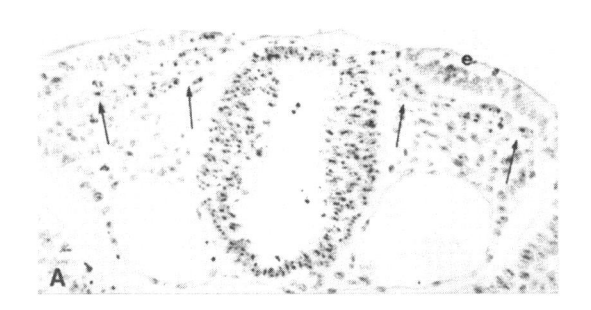

**図14-7　トリ胚ホストに移植されたウズラ神経管から移動し始めた神経冠細胞**　矢印がウズラ神経冠細胞（参考文献3　より改変）

あらかじめ神経管を除去しておいたニワトリ胚（ホスト）内に移植した（このような個体を一般に「キメラ」という）（図14-6）。結果，ウズラの神経管から動き始めた神経冠細胞が，体の中で決まったルートに沿って移動し，さまざまな組織をつくることがわかった（図14-7）。例えば，末梢神経に分化する予定の神経冠細胞は，神経管から離脱後すぐに腹側方向に向かって下降する。一方で色素細胞になる予定のものは，体表面に沿って長距離移動する。これらの細胞移動ルートの選別や，なにが移動や停止の引き金になるのかについては未だ謎である。

## 5．細胞間のコミュニケーションと形づくり

　胚が発生を進めるとき，体を構成するどの細胞も，隣接する細胞との間で盛んにコミュニケーションを交わしている。このような相互作用がうまく働かないと，組織や器官形成に支障をきたす。実際に体づくりにみられる細胞間相互作用とそのシグナリングについて，初期中枢神経系の形成を例にとって紹介する。

　ニワトリ2日目胚では，神経管のすぐ腹側に脊索が存在する（図14-

4)。脊索は成体の体ではほとんど退縮しているためあまりなじみのない組織だが，初期発生過程においては，いわゆる"スーパースター的"存在である。脊索からは非常に重要なシグナル分子が作用しており，これがうまく働かないと神経系に加え体節の形成も異常になるため，筋骨格系もうまくつくられない。ここでは脊索から神経管に働きかける作用についてさらに詳しく解説する。

　脊索は，初期神経管の最も腹側の部分（"フロアープレート"とよばれる特殊な細胞）に密着している。実は，脊索からソニックヘッジホッグ（Shh）とよばれる因子が分泌されることで，フロアープレート細胞の正しい分化を促す。後にフロアープレートもShhを分泌するようになるため，神経管全体としては腹側部分でShhの濃度が最も高く，背側にいくにつれて濃度が低くなる（図14-8）。Shhのこのような濃度勾配は，後の神経細胞の分化や軸策の走向パターンなどを規定する。このように，非常に複雑で高度の機能を制御する脳や脊髄の神経ネットワークも，最初はShhのような因子の濃度によってつくられる単純なパターニングが出発点なのである。Shhは神経管のみならず，筋骨格系の形成，また手足のパターニングや消化器官の形成にとっても極めて重要な因子として，体のあちこちで作用する。

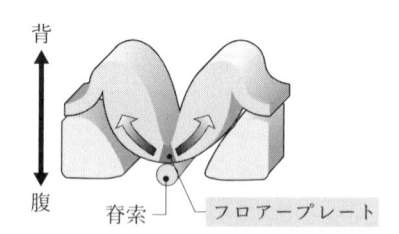

図14-8　脊索やフロアープレートから分泌されるShhの濃度勾配は，脊髄の背腹軸に沿ったパターニングに重要である
（参考文献4　より改変）

## 6. 筋骨格系形成にみる細胞間コミュニケーション

　成体では筋骨格系は，体の維持や運動にとって欠かせない非常に重要な組織である。骨格組織の1つである脊椎骨を見てみると，類似した小さな骨が繰り返し並んでいるのがわかる。このような繰り返し構造を「分節パターン」とよぶ。では初期胚において，このような分節パターンはどのようにしてできるのだろうか？

　筋骨格系の組織のほとんどは，図14-4にあるように，神経管の両脇にある体節中胚葉からできる。最初はひと続き（つまり分節していない状態）の体節組織が，やがて，体の前方から1つずつ分節化し，ヒトやニワトリではこのプロセスが約60回繰り返すといわれている。このようにしてつくられた体節の分節パターンが，脊椎骨の繰り返し構造の基本になる。体節の分節化は，筋骨格の形成に重要であるのみならず，脊髄神経の走向パターン（これも分節パターンをとる）をもすべて規定しているなど，体づくりにおいて中心的な役割を果たすといってよい。加えて体の分節化は，脊椎動物を最も特徴づけるものとしても注目される。

　では，もとはひと続きの組織から，どうやって体節が分節してくるのだろうか？　分節現象は，いわば羊羹をその端から一片ずつナイフで切るようなものである。最近になって，その「ナイフ」の役割をもつ細胞が見つかった。ウズラ胚（ドナー）から次分節部位の細胞を取り出し，ニワトリ胚（ホスト）体節の，本来は切れない部位に移植した（図14-9）。結果，移植部位で新たに「切れ目」がつくられ，分節の数が1つ分増えたのである。この結果が意味するものは，移植に用いた次分節部位の細胞は「ナイフ活性」をもっているということである。最近ではさらに解析が進み，この活性の実態が遺伝子レベルでわかっている。

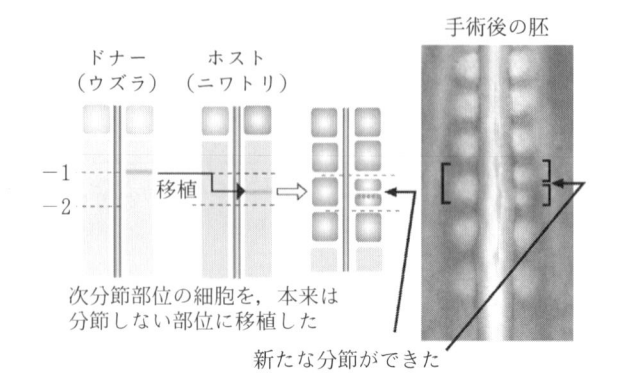

**図14-9 脊椎動物の特徴である分節構造は，体節中胚葉が規則正しく切れることによってつくられる** トリ胚移植法により，次分節位置にある細胞は，「切る」活性をもつことがわかった。
（参考文献5 より改変）

　分節に関しては，さらに興味深い知見がある。未分節体節において，さまざまな遺伝子の発現が，波のようにそのパターンを変化させるのである。まず体の後方で遺伝子が発現され始め（mRNA），やがてその発現パターンが前方へと移動する。このとき細胞は移動しない。この現象を「分節時計」という。分節時計のイメージとしては，電光掲示板がわかりやすい。電球の位置は変わらないが，電球のオン-オフが繰り返されることによって文字が移動していくように見える。このような発現の波状移動が，1回分の分節（ニワトリでは90分ごと，マウスでは120分ごと）に合わせて周期的に繰り返される。そして発現の波が前方に達した時点で，前述のナイフ分子が働いて組織が切断され，1つの独立した体節が出来上がる。

## 7. おわりに

発生過程を分子レベルで解き明かすという研究は，20世紀の終盤に画期的な飛躍を遂げた。それまでは単に「神秘」でしかなかった発生現象が，分子の言葉で語られる可能性が見えてきたのである。しかし，刻々と変わる細胞や器官の姿を分子レベルで理解するための本当の挑戦は，まさしくこれからなのである。

一口に「発生」といっても，実にさまざまなステップが絡み合い，かつこれらが見事に調和されて，初めて私たちのような精巧な体が出来上がってくる。このステップのどの1つが欠けても，深刻な結果をもたらすことになる。遺伝子から細胞，そして発生現象と医療技術は，お互いが密接に結びついてこそ，それぞれの理解を高めていくのである。

●参考文献

1) Bellairs, R. and Osmond, M. "The Atlas of Chick Development" Elsevier, 2005
2) Gilbert, S. F. (2006) "Developmental Biology" 8th edition, Sinauer Associates.
3) Le Douarin, N. L. and Kalcheim, C. (1999) "The Neural Crest" Cambridge University Press
4) Takahashi, Y., Osumi, N., and Patel, N. (2001) Body Patterning. *Proc. Natl. Acad. Sci. U.S.A.* 98:12338-12339.
5) Sato, Y., Yasuda, K., and Takahashi, Y. (2002) Morphological boundary forms by a novel inductive event mediated by Lunatic-Fringe and Notch during somitic segmentation. *Development* 129:3633-3644.

〈練習問題〉
1. 神経冠細胞の特徴を述べよ。
2. 分節構造は，体づくりにおいてどのような意味をもつのか述べよ。
3. 体の中を移動する細胞を追跡する方法について述べよ。

# 15 がんと細胞死

森　正敬

　細胞の増殖・分化の制御機構に乱れが生じ，細胞が異常な分裂を示すようになったものががんである。一方，細胞はその役割を終えたとき，またある種の刺激が加わったとき，自らを殺す機構をも持っている。あるいは，発生の途中で不要になった細胞は死ぬようにあらかじめプログラムされ，アポトーシスとよばれる。最近になって，一部のがん細胞の異常な増殖の裏にアポトーシスの障害が深くかかわっていることがわかってきた。本章では，がんと細胞死という細胞の生死にかかわる2つの側面とそれらのかかわりについて学ぶ。

## 1. がん細胞の特性

　がん（cancer）とはどういう病気であるのか。感染症などとは異なり，本来は自分の細胞であったものが，増殖のコントロールが効かなくなり，自立的にかつ無制限に増殖を始めたものだということが言える。がんを「悪性新生物」とよぶことがあるが，まさに我々の身体の中にできた異物，新生物ということができる。英語の cancer はカニを意味するが，それはがん腫の形がカニに似ているからである。

```
         ┌ 良性腫瘍 ──────────── 乳頭腫（いぼ），脂肪腫
腫瘍 ────┤
         │              ┌ がん腫（上皮性）──── 腺がん，扁平上皮がん
         └ 悪性腫瘍 ────┤
                        └ 肉　腫（非上皮性）── 骨肉腫，白血病，リンパ肉腫
```

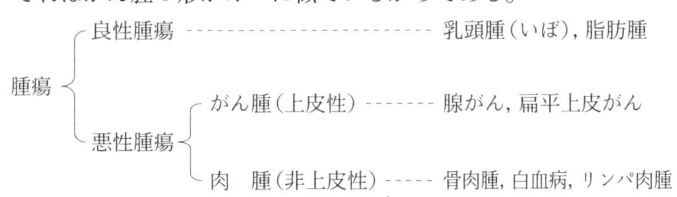

図15-1　がん腫と肉腫

図15-1に示したように，一般に腫瘍という場合，それには良性と悪性の両方が含まれる。良性腫瘍の代表は乳頭腫（いぼ）である。悪性腫瘍はがん腫（carcinoma）と肉腫（sarcoma）に分けられる。がん腫は上皮性細胞由来であり，ヒトの大多数の悪性腫瘍はがん腫である。腺がん，扁平上皮がんなど多くの種類がある。肉腫は非上皮性の細胞に由来する悪性腫瘍であり，骨肉腫，白血病，リンパ肉腫などがその代表である。ヒトではがん腫に比べて少なく，若年で発生することが多い。

がん細胞の特質として，次の5つが挙げられる。

**1. 単クローン性増殖**　がんが大きな腫瘍塊をつくり，$10^8$個以上の細胞から成る場合でも，その元をただせば，ただ1個の細胞に悪性の変異が起こり，それが増殖したものである。ただ1個の細胞に由来する増殖という意味から単クローン性増殖とよぶ。

**2. 細胞の不死化**　通常の正常細胞は数十回の分裂のうちに増殖能を失うが，がん化（悪性転換）した細胞は不死化し，無限増殖する。

**3. 接触阻止能の喪失**　正常細胞の場合は細胞同士が接触すると増殖は停止するが，がん細胞は接触阻止が働かなくなり，がん細胞同士は互いに積み重なるようにして増え続ける。

**4. 足場非依存性増殖**　通常，正常細胞は堅い培養皿などの足場の上に伸展して増殖するが，がん細胞の場合にはそのような足場を必要としない。がん細胞は柔らかい寒天の中でも増殖を行うことができる。この性質を利用して，軟寒天中で培養することにより，それががん化しているかどうかを調べる方法がある。

**5. 浸潤と転移**　がん細胞の最も大きな特徴であり困ったところは，浸潤・転移能をもっていることである。図15-2には，がん細胞の浸潤と転移のモデルを示す。上皮に由来するがんは，通常基底層より外の上皮層に塊となって存在している。良性腫瘍の場合は，ある一定の領域に

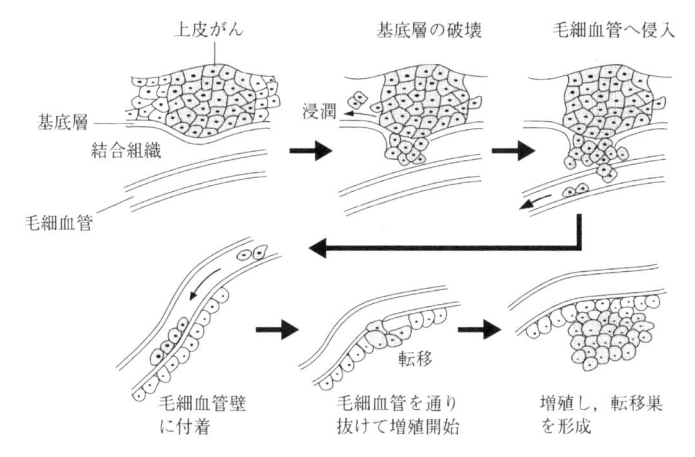

図15-2　がん細胞の浸潤と転移　((参考文献1より)図23-5を改変)

限局して増殖しているだけであるが、がん細胞は周りの組織中へも広がっていく。これが浸潤である。浸潤だけでなく、やっかいなことにがんは転移する。がん細胞は、基底層を破壊し、血流にのって、はるかに離れた場所へも移動する。そして毛細血管など細くなったところで血管壁に付着し、先ほどと逆の過程で血管壁を破って通り抜け、組織の中で増殖を開始する。こうして増殖し始めると、それは転移巣となる。

## 2. 発がん

がんの発生には多くの段階が必要で、各段階で多様な因子が関係している。これらの因子には遺伝因子も環境因子も含まれている。

### (1) DNA傷害と発がん

さまざまな発がん因子の中で最もはっきりしているのは、DNAを損傷して変異を生じる因子である。この発がん性変異原には、発がん性化

学物質やウイルス，および種々の放射線（紫外線やγ線）がある。発がん性を示す化学物質としては，芳香族アミン，ニトロソアミン，マスタードガスなどのアルキル化剤がある。構造はさまざまだが，DNAに変異を引き起こす点で共通している。

　変異原性を調べるにはエイムス試験が用いられる。発がん物質とラット肝抽出液を混合し（生体反応を模倣），テスト用細菌の培養液に加えて，細菌の変異率を測定する。この検査法によって発がん物質の大多数は変異原性であることがわかった。

　DNAに直接作用する発がん物質もあるが，代謝されて反応性の高い発がん分子に変化するものもある。この過程には肝細胞に存在するシトクロムP450とよばれる水酸化酵素が関与することが多い。エイムス試験にラット肝抽出液を加えるのはそのためである。この仕組みで活性化されるものにカビ毒素のアフラトキシン$B_1$やコールタール，たばこの煙に含まれるベンゾピレンなどがある。

(2) 発がんイニシエーターと発がんプロモーター

　発がん性物質がすべて変異原物質というわけではないが，発がん過程の開始には変異原性のある発がん物質の作用が必要であり，発がんイニシエーターとよばれる。ところが，動物実験において発がんイニシエーターで1回処理しただけではがんは生じないのに，全く別の変異原性のない物質にさらすとがんになる。このような活性をもつ物質を発がんプロモーターとよぶ。よく研究されている発がんプロモーターであるホルボールエステルはタンパク質キナーゼC（Cキナーゼ）を活性化し，一連の細胞内情報伝達経路を活性化する。これらのプロモーターはイニシエーターで処理したあとに使用したときだけがんを発生させる（図15-3）。遺伝子の損傷から予想されるように，イニシエーターによる変化は不可逆的であり，期間をおいて発がんプロモーターで処理しても効果を

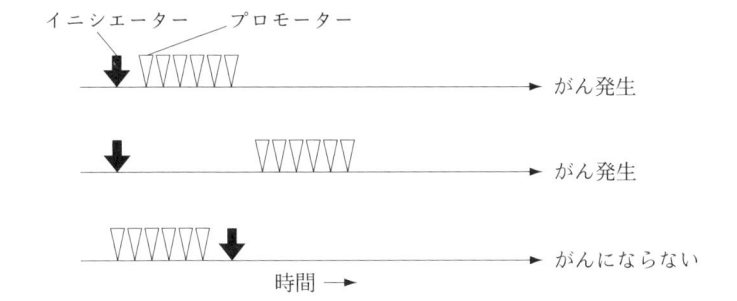

図15-3 発がんにおける発がんイニシエーターと発がんプロモーターの関係 イニシエーターのあと一定の強さ以上のプロモーターにさらしたときだけがんが発生する。

現す。発がんプロモーターが働く仕組みは細胞分裂を促進することにあると考えられており，プロモーターで処理したあとイニシエーターで処理してもがんは発生しない。

## 3. がん遺伝子とがん抑制遺伝子

がん化に関するがん関連遺伝子は現在100種類以上同定されているが，これらはがん遺伝子（oncogene）とがん抑制遺伝子（tumor suppressor gene）の2種類に大別される。がん遺伝子はその遺伝子産物の活性の過剰ががんを引き起こす。がん遺伝子はすでに活性化されたものであるが，活性化される前は正常細胞で特定の働きをしており，これをがん原遺伝子（proto-oncogene）とよぶ。これらの遺伝子を自動車に例えて，がん遺伝子をアクセル，がん抑制遺伝子をブレーキと考えると理解しやすい（図15-4）。

ヒト細胞は2倍体であり，がん原遺伝子もがん抑制遺伝子も2コピー

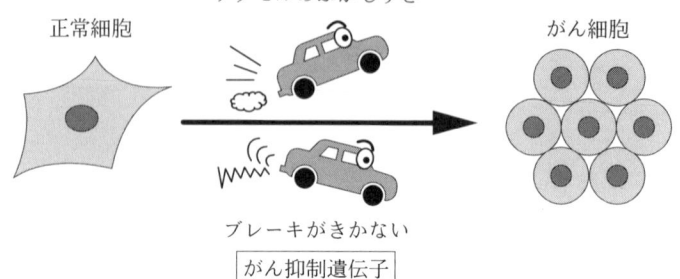

**図15-4 がんの発生に関与する遺伝子** （松田一郎監修「医科遺伝学」改訂第2版，南江堂，1999，図3-52を改変）

（A）**がん遺伝子**：過剰活性変異（機能獲得型）

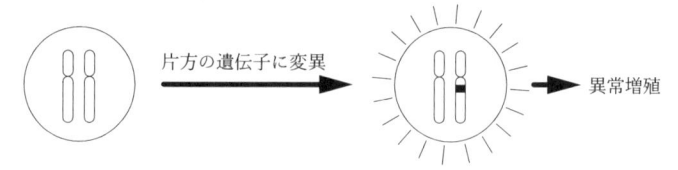

片方の遺伝子に変異 → 異常増殖

（B）**がん抑制遺伝子**：活性喪失変異（機能欠損型）

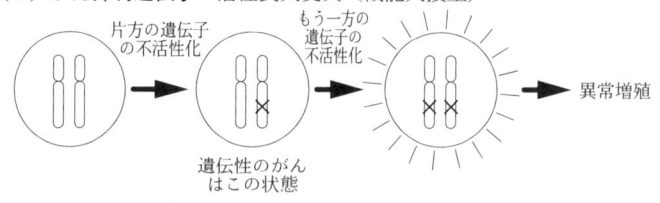

片方の遺伝子の不活性化 → もう一方の遺伝子の不活性化 → 異常増殖

遺伝性のがんはこの状態

**図15-5 がん関連遺伝子は優性か劣性かで2つに大別される**
（（参考文献1より）図23-24を改変）

の遺伝子（1組の対立遺伝子）をもつ。がん原遺伝子ではこの中の1個に変異が生じて活性化されれば十分であり，したがって優性である。一方，がん抑制遺伝子は劣性であり，両方の対立遺伝子がともに不活性化されなければ効果が現れない（図15-5）。

### (1) がん遺伝子

かなり以前からウイルスががんを引き起こすことがわかっていたが，齧歯類に肉腫を引き起こすレトロウイルス（RNAウイルス）の原因遺伝子として変異型 $Ras$ 遺伝子が同定された。レトロウイルスは宿主動物からゲノムDNAの断片を無作為に拾い上げ，感染個体から別の個体へ運ぶ。その間に変異が起こってがん遺伝子になり，このウイルスの感染で腫瘍が誘発されることが明らかになった。

ヒトでははじめてのがん遺伝子として変異型 $Ras$ 遺伝子が同定された。現在ではヒトのがんのおよそ4分の1にこの遺伝子の変異が見つかっている。正常ながん原遺伝子産物であるRasタンパク質は単量体GTP結合タンパク質で，細胞表面にある増殖因子受容体からのシグナル伝達を助ける働きをしている。ヒトがんから単離した $Ras$ 遺伝子に見つかる点変異から生じる変異Rasタンパク質は常時活性型で，GTPが結合しなくても不適切な細胞増殖シグナルを送り続け，がん化につながる（図15-6）。がん遺伝子の多くは細胞周期や細胞増殖のシグナル伝達に促進的に働く遺伝子であることがわかっている。

### (2) がん抑制遺伝子

正常な細胞が，がんを引き起こす遺伝子をがん原遺伝子としてもっているという発見は，大きな衝撃を与えたが，さらに大きな驚きは，細胞はがん抑制遺伝子をも持っているという発見であった。その発見は網膜芽細胞腫（retinoblastoma）の研究から得られた。この腫瘍は未熟な網膜の神経前駆細胞から発生する子供のがんで，遺伝性とそうでないもの

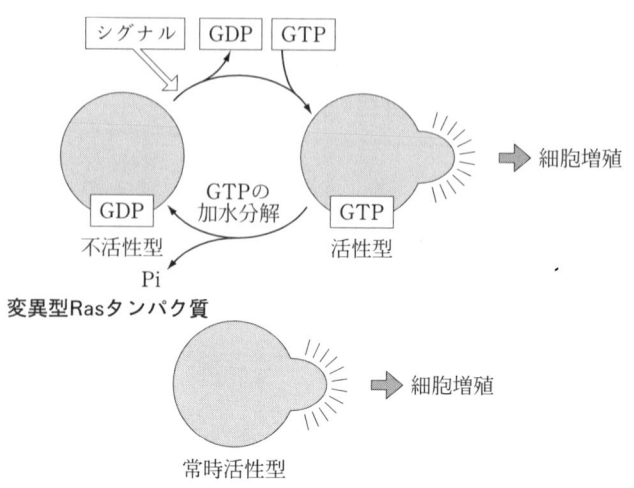

図15-6　正常型 Ras タンパク質と変異型 Ras タンパク質　正常型 Ras タンパク質は増殖シグナルが入ると GTP 結合型（活性型）となり，増殖シグナルを伝える。一方，変異 *Ras* 遺伝子から産生する変異型 Ras タンパク質は常時活性型で，不適切な増殖シグナルを送り続ける。

の2つがある。遺伝性の場合には腫瘍が独立に多数生じ，両眼を冒す。非遺伝性の場合は腫瘍が1個だけで，片目しか冒されない。原因遺伝子がクローン化され，頭文字をとって *Rb* 遺伝子と名付けられた。予想通り，遺伝性の患者では *Rb* 遺伝子の一方に欠失または機能欠損変異が見られるが，これだけではがんにならない。がんになった網膜細胞では，遺伝性の変異に加えて，体細胞変異によって正常な遺伝子も失われ，*Rb* 遺伝子の両方に欠損がある。これに対し，非遺伝性の場合には2回の体細胞変異が起こり，対立遺伝子の両方が壊れていることがわかった。し

たがって非遺伝性の網膜芽細胞腫はめったに発生しない。

　$Rb$ 遺伝子から生成する Rb タンパク質は細胞周期調節タンパク質であり，その遺伝子が両方とも欠損すると細胞周期の進行に歯止めがかからなくなり，がんを引き起こす。その後 $Rb$ 遺伝子の変異は，網膜細胞のがんのみならず，肺や乳房，膀胱のがんなどでも見つかっている。

　がん抑制遺伝子のみならずがん関連遺伝子で最も重要なのは $p53$ 遺伝子であろう。$p53$ は分子量約 53000 のタンパク質をコードすることより名付けられた。このがん抑制遺伝子はヒトのがんのおよそ半数で変異を起こしている。なぜ $p53$ 遺伝子はそれほど重要なのだろうか。それは，$p53$ 遺伝子が細胞周期の制御，アポトーシス，遺伝的安定性の維持という 3 つの機構に関与するからである。すなわち，p53 タンパク質の基本的な役割はゲノムの損傷と異常から細胞を守ることにあり，しばしば"ゲノムの守護神"とよばれる。

　p53 は細胞が紫外線や γ 線の照射や DNA 傷害性薬物などによって DNA 損傷を受けると，発現が著しく上昇する。このような DNA 傷害を受けた細胞は，DNA 修復によって DNA の傷を治したり，DNA の修復が終わるまで細胞増殖を停止したり，またある場合には傷害細胞を自殺へ導いたりすることが必要になるが，p53 はこれらの応答反応の要となる。p53 の作用は極めて多彩であるが，代表的な働きを図 15-7 に示す。p53 は，一方では細胞周期制御因子 p21 の誘導を介して細胞周期の進行を止める（第 11 章参照）。他方では，アポトーシス促進因子 Bax を誘導して細胞をアポトーシスに導く。したがって p53 が欠損すると細胞周期が停止しないので，DNA が傷を受けたまま細胞分裂が起こるため，変異が蓄積する。さらに，傷害細胞をアポトーシスによって除去する仕組みが働かなくなり，これらが合わさってがんを引き起こす。

　がん抑制遺伝子の多くは，細胞周期や細胞増殖のシグナル伝達の制御

に働く遺伝子であることがわかっている。

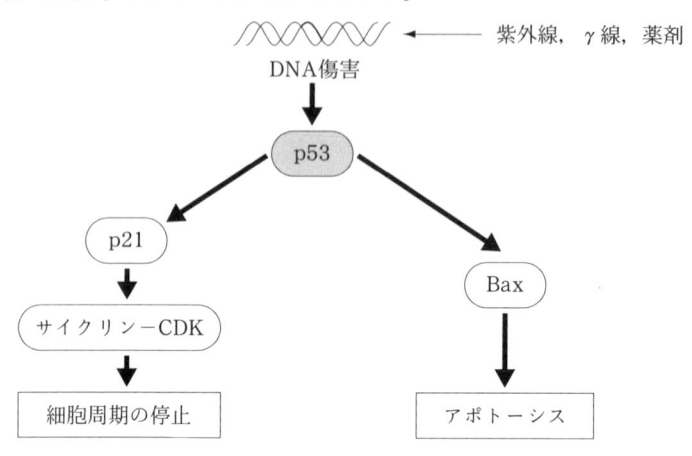

**図 15-7　がん抑制タンパク質 p53 の主な働き**　p53, p21, サイクリン–CDK については第 11 章を参照。Bax は Bcl-2 ファミリー（p.244 を参照）の 1 つで，アポトーシスを誘導する。

## 4. 多段階発がん

　がんは 1 個のがん遺伝子またはがん抑制遺伝子の変異だけでは起こらない。1 つの細胞内で複数の遺伝子の偶発的変異が積み重なって，良性腫瘍から悪性腫瘍へと徐々に進行する。この一連の過程が最もよく観察されるのは大腸がんである。このがんは大腸の上皮層に生じるがんで，日本ではがんによる死者の約 12％を占める。最初は腸の上皮にポリープとよばれる小さい良性腫瘍が見つかるが，これは前がん病変である。これが悪性に変わるまでには 10 年から 35 年という時間がかかり，腫瘍はゆっくり進行する。この間にいくつかの遺伝子の変異が蓄積する。大腸

がんとの関連が見出されている遺伝子は数多いが，その中でも K-Ras 遺伝子，p53 遺伝子と APC 遺伝子の 3 つの遺伝子の変異が高頻度に見られる。APC 遺伝子は家族性大腸腫瘍症（familial adenomatous polyposis coli）の原因遺伝子として同定されたもので，大腸がんの実に 60％以上でその変異が見られるがん抑制遺伝子である。

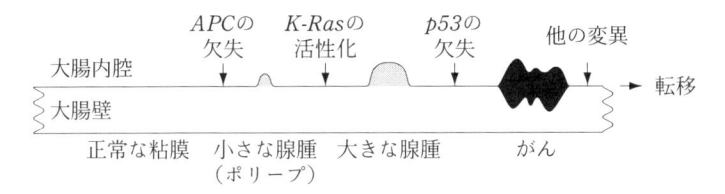

図15-8 大腸がんを発生させる一連の遺伝的変化　図は単純化してあり，がん関連遺伝子の組み合わせや変異の順序は患者により異なる。

大腸がんの発生に伴う一連の遺伝的変化を図 15-8 に示した。APC 遺伝子の不活性化は小さい良性ポリープでも見られ，一連の変化の最初かごく初期に起こる。Ras ファミリーに属する K-Ras がん遺伝子の変異は APC 遺伝子変異の少しあとに起こるらしい。さらに p53 遺伝子やその他のがん（抑制）遺伝子の変異が続いて起こり，悪性腫瘍となり，浸潤能や転移能を獲得するものと考えられる。しかし，ここに述べた一連の遺伝的変化は最もよく見られるものの，大腸がんの変異遺伝子の組み合わせは患者によって異なり，1 つと分類されたがんでも異なる遺伝子変異をもつ異種の病気の集まりであることがわかる。

## 5．細胞死—ネクローシスとアポトーシス—

生命の基本単位である細胞はどのようにして死ぬのであろうか？　従来，細胞の死というと，損傷を受けた細胞がその傷をうまく治せずに単

に崩壊して死んでいくものであると考えられていた。このような受動的な細胞死はネクローシス（necrosis, 壊死）とよばれる。ところが最近になって，細胞自らが積極的に引き起こすアポトーシス（apoptosis）とよばれる全く異なる細胞死があることが明らかになった。"自殺"のような細胞死である。アポトーシスはプログラム細胞死ともよばれる。あとで述べるように，いったんアポトーシスの引き金が引かれると，細胞は遺伝子に書き込まれたプログラムに従って整然と死ぬ。

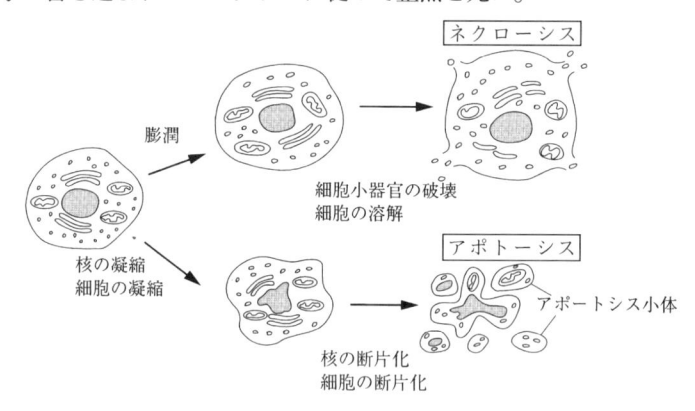

図15-9　ネクローシスとアポトーシス　ネクローシスでは細胞は膨潤し，破裂する。その結果，細胞内の物質を放出し，しばしば炎症を引き起こす。アポトーシスでは核が凝縮・断片化し，細胞も縮んで断片化し，膜に包まれたアポトーシス小体を放出する。

　ネクローシスとアポトーシスは非常に異なった形態的変化を示す（図15-9）。ネクローシスでは細胞質にあるミトコンドリアなどの細胞小器官の膨潤から始まり，細胞自体が膨化する。ミトコンドリアのATP合成は障害され，リソソームは壊されてリソソーム酵素が流出し，細胞内

部の溶解が起こる。細胞膜は浸透圧を制御することができなくなり，細胞はさらに膨潤し，やがて破裂して内容物が流出し，炎症反応を引き起こす。

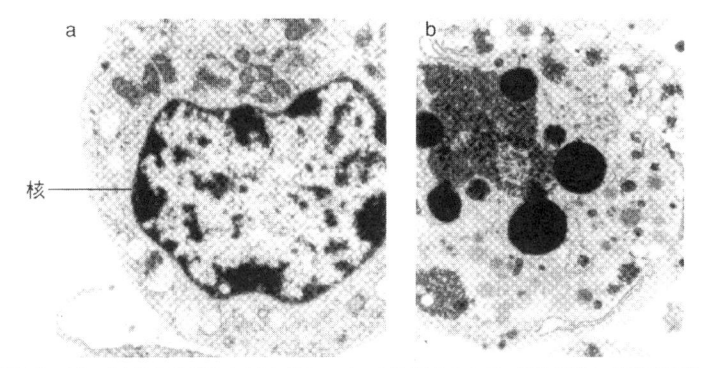

図 15-10　正常の細胞(a)とアポトーシスを起こしている細胞(b)の電子顕微鏡写真　アポトーシス細胞では断片化したクロマチンを含む核断片が丸く見える。((参考文献3より) 図 23-45 を改変)

一方，アポトーシスでは染色体が凝集し，核は断片化し（図 15-10），細胞は凝縮・断片化してアポトーシス小体を放出する。細胞の内容物は細胞外に放出されずにマクロファージなどによって取り込まれ処理されるので，炎症が引き起こされず，周囲の細胞に影響を与えない。

## 6. 生物の形づくりとアポトーシス

個体発生では，1個の受精卵が細胞分裂による増殖と分化を繰り返しながら成体をつくりあげるが，この形づくりにアポトーシスが重要な役

割を果たしている。発生におけるアポトーシスは，それがいつどこで起こるかがあらかじめ決まっていて，そのプログラム通りに実行される。このプログラムされた細胞死によってはじめて生物固有の形づくりが可能になる。

　オタマジャクシがカエルに変態するときに尻尾がなくなるが，これはアポトーシスによる。この変態の過程では，尾部にある皮膚や筋肉や背骨などの組織をつくっているすべての細胞にアポトーシスが起こり，尾部はきれいに消えてしまう。このアポトーシスを含め，カエルの変態に伴うすべての変化は，甲状腺ホルモンによって引き起こされる。

　ニワトリの指もヒトの手足も，胚発生の間にアポトーシスによって形づくられる。最初は指のないミット状の細胞の塊であるが，指の間の細胞がアポトーシスで除去されて，指が1本ずつに分かれる。

　神経系の発生では，アポトーシスが神経細胞の数の調節に働いている。神経細胞は胚では過剰に合成されるが，神経支配を必要とする標的細胞の数に合わせて神経細胞数を調節し，余分の神経細胞はアポトーシスによって除去される。標的細胞は限られた量の生存因子を分泌するが，神経細胞は生存因子をめぐって競争し，生存因子を十分受け取った神経細胞は生き残るが，それ以外は死んでしまう。

## 7. アポトーシスを引き起こす要因

　アポトーシスを引き起こす要因には外的要因と内的要因がある（表15-1）。外的要因には腫瘍壊死因子（TNF），Fasリガンド，グルココルチコイドなどがある。TNFはある種のがん細胞にアポトーシスを誘導する。Fasリガンドは細胞膜上の受容体Fasに結合してアポトーシスを引き起こすが，免疫系の自己反応性細胞の除去などに働いている。グルココルチコイドは胸腺細胞にアポトーシスを誘発し，その細胞数を調節し

**表 15-1 アポトーシスを誘導する要因**
（田沼靖一著「アポトーシス」東京大学出版会，1996 より一部修正）

| | |
|---|---|
| 外 的 要 因 | 腫瘍壊死因子（TNF）<br>Fas リガンド<br>インターロイキン<br>ウイルス<br>グルココルチコイド<br>増殖因子，栄養因子の欠乏<br>放射線<br>熱<br>制がん剤<br>カルシウムイオノフォア |
| 内 的 要 因 | 細胞内 $Ca^{2+}$ 濃度<br>cAMP レベル<br>核酸代謝<br>アミノ酸代謝<br>エネルギー代謝<br>活性酸素・活性窒素代謝<br>$NAD^+$-ポリ（ADP-リボース）代謝 |

ている。また細胞の増殖や分化に必要なエリスロポエチン，インターロイキン，神経成長因子などの増殖因子や栄養因子の除去によってもアポトーシスが起こる。これらは生理的な変化によって誘導される細胞死であるが，そのほかに放射線，熱，制がん剤などの非生理的ストレスによってもアポトーシスが誘導されることが明らかになった。

一方，細胞内要因としては，細胞内 $Ca^{2+}$ 濃度，核酸代謝，エネルギー代謝，活性酸素・活性窒素代謝，$NAD^+$-ポリ（ADP-リボース）代謝などの代謝系の変化がある。このようにアポトーシスの要因は多岐にわたり，しかもこれらの要因はお互いに関係し合い複雑に制御されている。

## 8. アポトーシスの分子機構

アポトーシスを制御している分子機構については，線虫 C. elegans の遺伝学的研究と，ヒトを含む哺乳類細胞の研究が相まって明らかになってきた。線虫の正常発生では，発生の過程で生まれる1090個の体細胞のうち131個の細胞がアポトーシスを起こして死ぬ。この線虫細胞のアポトーシスには ced-9, ced-4, ced-3 遺伝子が関与する（図15-11）。この経路は進化上よく保存されており，脊椎動物のホモログが存在する。これらの因子のうち，調節タンパク質はアポトーシスを促進したり抑制したりする。アダプタータンパク質は調節タンパク質とエフェクタータンパク質両方と相互作用する。エフェクタータンパク質が活性化されるとアポトーシスが実行される。

|  | 調節タンパク質 | アダプタータンパク質 | エフェクタータンパク質 |  |
|---|---|---|---|---|
| 線虫 | Ced-9 ⊣ | Ced-4 → | Ced-3 ───────────→ | アポトーシス |
| 脊椎動物 | Bcl-2 ⊣ | Apaf-1 → | カスパーゼ9 → カスパーゼ3 → | アポトーシス |

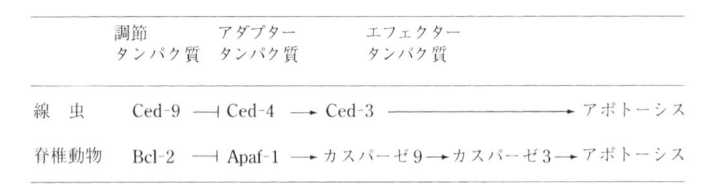

図15-11　線虫（*C. elegans*）と脊椎動物におけるアポトーシス経路の類似
　　　　⊣は抑制を示す。

哺乳類細胞のアポトーシスには主に2つの経路がある。1つはFasやTNF受容体を介する経路である（図15-12, 左）。例えばFasリガンドがFasに結合するとカスパーゼ（caspase）とよばれる一群のプロテアーゼが順次活性化され，アポトーシスが起こる。

もう1つはミトコンドリアを介する経路である（図15-12, 右）。細胞

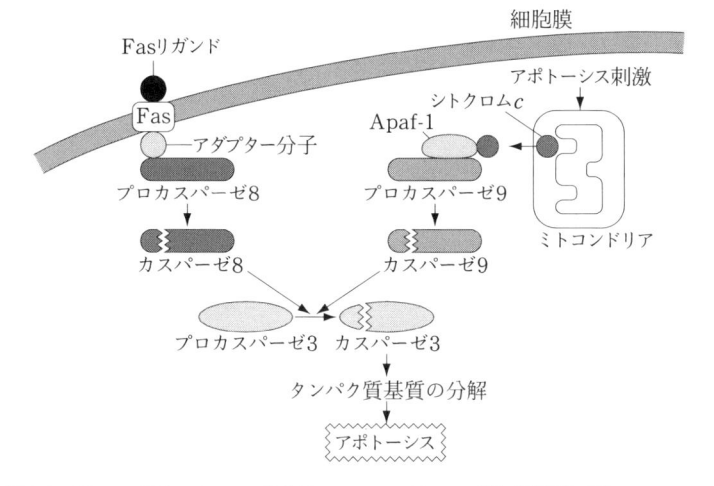

**図15-12 アポトーシスの仕組み** Fasリガンド（腫瘍壊死因子ファミリーに属するタンパク質）がその受容体であるFasに結合すると，カスパーゼ8から始まるカスパーゼカスケードが活性化され，アポトーシスが起こる。一方，細胞内外からのアポトーシス刺激がミトコンドリアに伝わると，膜間腔からシトクロム$c$が放出され，これがApaf-1に結合してカスパーゼカスケードを活性化し，アポトーシスが起こる。2つの経路はカスパーゼ3の段階で合流する。

が種々のアポトーシス刺激を受け，その情報がミトコンドリアに伝わると，ミトコンドリア膜間腔に存在するシトクロム$c$が細胞質ゾルに流出する。流出したシトクロム$c$はApaf-1とプロカスパーゼ9との複合体（アポトソーム，apoptosome）を形成し，カスパーゼカスケードが活性化されてアポトーシスが起こる。これら2つの経路は完全に独立したものではなく，Fasを介するアポトーシス経路はミトコンドリアを介する経路にもつながっている。

## 9. がんとアポトーシス

　がんは，細胞増殖のアクセルとして働くがん遺伝子の活性化や，細胞増殖のブレーキとして働くがん抑制遺伝子の不活性化による細胞増殖能の異常亢進によって起こる．しかし最近，がん細胞の異常な増殖の裏には，アポトーシスの抑制が深くかかわっていることがわかってきた．

　*Bcl-2* 遺伝子はヒト濾胞性リンパ腫に見られる染色体相互転座により活性化されるがん遺伝子として単離された．ところが多くのがん遺伝子と異なり，細胞増殖を直接促進するのではなく，アポトーシスを抑制することにより結果的に細胞増殖を引き起こすことがわかった．Bcl-2 は主にミトコンドリア外膜に存在し，シトクロム $c$ の流出を抑制する．Bcl-2 に構造的に類似したタンパク質が多数発見され（Bcl-2 ファミリーとよばれる），その中のいくつかはアポトーシスを抑制し，ほかのものはアポトーシスを促進する．

　上に述べたように，*p53* はよく知られたがん抑制遺伝子の1つであり DNA に傷害が起きたときに働く（図15-7参照）．DNA が傷つくと細胞増殖を止めて損傷を修復する時間稼ぎをするように働くと考えられる．しかし傷害がうまく修復できない場合にはアポトーシスを誘発し，傷ついた細胞を除去するように働く．*p53* に異常が起こると DNA 損傷によるアポトーシスが起こりにくくなり，結果として変異をもった細胞が生き残り，発がんにつながると考えられる．

　このように細胞のがん化は，がん遺伝子やがん抑制遺伝子の異常とともに，アポトーシスの抑制が相まって起こることが明らかとなった．このような観点に立って，がん細胞にのみ選択的にアポトーシスを誘導してがん細胞を殺す新しい制がん剤の開発が期待されている．

●参考文献
1) B. Alberts 他著, 中村桂子他訳「細胞の分子生物学」第4版, Newton Press (2004).
2) 黒木登志夫・渋谷正史編「細胞増殖とがん」(岩波講座・現代医学の基礎10) 岩波書店 (2000).
3) H. Lodish 他著, 野田春彦他訳「分子細胞生物学 (下)」第4版, 東京化学同人 (2001).
4) 田沼靖一著「アポトーシスとは何か」(講談社現代新書) 講談社 (1996).

〈練習問題〉
1. がんの発生率は年齢とともに増加するが, 直線的に増加するのではなく, 右肩上がりにどんどん急になる。理由を説明せよ。
2. がん遺伝子とがん抑制遺伝子の異同について述べよ。
3. ネクローシスは炎症を起こし, アポトーシスは起こさないのはなぜか。
4. 細胞の生死におけるミトコンドリアの関与を述べよ。

# 練習問題・解答

## ▶1. 細胞とは何か

1. RNA は 1 本鎖であり，種々の原因により塩基配列に変異が起こると，その変異がそのまま子孫に伝わるが，DNA の場合は 2 本鎖をつくることにより，一方の鎖に変異が起こっても，もう一方の鎖に残された塩基配列の情報をもとに修復することができ，遺伝情報の安定的な伝達に優れている。
2. 塩基の数は 4 種類であるから $4^{10}$ 通り。
3. リボソームの中にはリボソーム RNA という RNA 分子が複数個含まれ，それらはポリペプチドの翻訳の際に機能している。あるいは，リボザイムとよばれるいくつかの RNA 分子が存在し，RNA の切断を行うなどの酵素的な働きをする場合がある。
4. ミトコンドリアは独自の DNA をもち，ミトコンドリアの中でタンパク質合成を行うことができる。また，ミトコンドリア独自の DNA でコードされるタンパク質はすべてミトコンドリア内膜に存在するタンパク質であり，内膜が共生する以前の好気的細菌の膜であったことを示唆している。

## ▶2. 細胞内部の構築

1. 小胞体，ゴルジ体，リソソーム，ペルオキシソーム。植物細胞の液胞は動物細胞のリソソームに該当する。分泌顆粒でもよい。
2. 核，ミトコンドリア，葉緑体。
3. 分泌タンパク質は粗面小胞体（のリボソーム）で合成され，内腔へ輸送され，ゴルジ体，分泌顆粒（または分泌小胞）を経由して開口分泌により細胞外へ分泌される。
4. ともに 2 枚の膜に包まれ，ATP 合成を行う。しかし ATP 合成はミトコンドリアでは内膜で行われるのに対し，葉緑体ではチラコイド膜で行われる。また ATP 合成はミトコンドリアでは栄養物質の酸化によるが，葉緑体では光のエネルギーを用いる。（ともにゲノム DNA をもち，細菌の共生に由来すると考

えられている。)

## ▶3. 細胞で働く分子たち

1. 正電荷はアミノ末端のアミノ基と塩基性アミノ酸残基(アルギニン，リシン，ヒスチジン)の側鎖の電荷。負電荷はカルボキシル末端のカルボキシル基と酸性アミノ酸残基(アスパラギン酸，グルタミン酸)の側鎖カルボキシル基の電荷。
2. 動物のグリコーゲンは1,4-グリコシド結合でつながり，1,6-グリコシド結合で枝分かれし，枝分かれが多い。植物のデンプンは基本的にはグリコーゲンと同じだが，枝分かれが少ない。セルロースはグリコシド結合が異なり，枝分かれしない。
3. 脂肪酸は酸化されてエネルギー源となる(ATPを合成する)か，トリアシルグリセロールやリン脂質の合成に用いられる。トリアシルグリセロールはエネルギー源として貯えられる。リン脂質は二重層をつくり，生体膜の基本構造となる。(コレステロールは生体膜の成分となる。)
4. ともにヌクレオチドの重合体で1本鎖の構造は基本的に同じ。しかし糖部分はDNAがデオキシリボース，RNAがリボース。塩基が一部異なり，DNAのチミンがRNAではウラシル。DNAは2本鎖(二重らせん構造)であるのに対し，RNAは1本鎖(ただし分子内で部分的に2本鎖構造をとる)。

## ▶4. タンパク質の合成

1. DNA複製の際にはアデニン(A)とチミン(T)の対合であったものが，転写の際には，RNAではチミンがウラシル(U)にかわるので，アデニン-ウラシルの対合となる。
2. RNAポリメラーゼⅠ(PolⅠ)はリボソームRNAの合成を，RNAポリメラーゼⅡ(PolⅡ)は，mRNAの合成を，そしてRNAポリメラーゼⅢ(PolⅢ)は転移RNAや低分子RNAの合成を触媒する。
3. プロモーターもエンハンサーもDNA上の特定の配列であるが，プロモーターには基本転写因子群が結合し，RNAポリメラーゼが結合する基点をつくる。一方，エンハンサーは転写調節因子の結合部位をつくり，種々の刺激により特

定のタンパク質を合成したり，発生や分化の過程で特定のタンパク質を順序よく合成したりする調節のために必要である。
4. 塩基の数は4種類。アミノ酸の数は20種類。2個ずつの塩基を組み合わせると$4^2=16$種類のアミノ酸しか指定できないが，3つずつ組み合わせると$4^3=64$種類の情報を指定することができる。アミノ酸は20種類なので，開始のための情報，終止のための情報を入れても，これで十分である。

## ▶5. タンパク質の構造・機能と品質管理

1. 糖鎖付加，ジスルフィド結合の形成，シグナルペプチドの切断，ペプチド結合のプロセシング，リン酸化，アセチル化，ミリストイル化，メチル化，イソプレニル化，ポリユビキチン化などのうち4つを解答。
2. アミノ酸の一次構造（アミノ酸配列）が高次構造を規定する。
3. 新生ポリペプチドも変性中間体も，いずれも疎水性アミノ酸が分子の表面に露出した状態にある。分子シャペロンは，このような疎水性アミノ酸の集まった領域を認識する。
4. 細胞内におけるタンパク質分解は極めて危険な作用である。むやみにタンパク質を分解してしまっては，細胞の死に直結する。そこで分解すべきタンパク質にユビキチンという目印をつけ，何度もそのユビキチン化を繰り返したのちに，分解するという安全装置を発達させたと理解されている。

## ▶6. 膜の構造と膜透過

1. 細胞分裂や細胞融合，ホルモンや神経伝達物質などの開口分泌やエンドサイトーシスなどで見られる。また細胞内の小胞輸送では絶えず膜の分裂と融合が起こる。
2. $Na^+$ は細胞外がおよそ140 mM，細胞内がおよそ10 mM。$K^+$ は内がおよそ140 mM，外がおよそ5 mM。$Cl^-$ は外がおよそ110 mM，内がおよそ5 mM。細胞外のNaCl濃度は海水に近い。
3. 食後は血中グルコース濃度（血糖値）が肝細胞内より高く，肝細胞膜の受動的グルコース輸送体を通って肝細胞内に取り込まれる。空腹時には逆に肝細胞中の濃度の方が高く，同じ輸送体を通って放出され，血糖を維持する。

4. 細胞質ゾルのCa$^{2+}$濃度は通常およそ$10^{-7}$Mに保たれている。各種刺激により細胞膜のCa$^{2+}$チャネルと小胞体のCa$^{2+}$チャネルが開き，細胞質ゾルのCa$^{2+}$濃度が上昇する。このCa$^{2+}$は細胞膜と小胞体のCa$^{2+}$ポンプの働きで細胞質ゾルから汲み出される。
5. 輸送体は主として小型の有機分子やイオンを，チャネルは主としてイオンを輸送する。輸送体は構造変化を伴って輸送するのに対し，チャネルは開閉により輸送する。輸送体は受動輸送も能動輸送もできるが，チャネルは能動輸送ができない。(輸送体は輸送速度が一般に遅く，チャネルは速い。)

## ▶7. タンパク質の細胞内輸送と局在

1. 分泌タンパク質は小胞体膜上で翻訳と共役して合成され，小胞体，ゴルジ体を経由して細胞外に分泌される。小胞体からゴルジ体間は，出芽により輸送小胞が形成され，分泌タンパク質はその中に包み込まれた状態でゴルジ体に輸送される。ゴルジ体から細胞膜も同様の機構で運ばれ，最終的に輸送小胞と細胞膜とが融合し，輸送小胞内の分泌タンパク質は細胞外に分泌される。
2. ①タンパク質が立体構造を保ったまま核膜孔を通り輸送される。②核膜孔を通過するための核局在化シグナルを分子の外側にもつ。③通常インポーチンとよばれる輸送担体と結合し核内に運ばれる。
3. 核内・核外への輸送にみられる核膜孔を通る輸送，小胞体・ミトコンドリアなどへの脂質二重層膜を通る輸送，小胞体以降の分泌・膜タンパク質の輸送に使われている小胞輸送，の3つである。

## ▶8. エネルギー変換とミトコンドリア

1. グルコースは細胞質ゾルの解糖系でピルビン酸となり，ミトコンドリアマトリックスに輸送されてアセチルCoAとなる。アセチルCoAはクエン酸回路で酸化され，NADHが生じる。NADHの電子が内膜の電子伝達系(呼吸鎖)を流れるときプロトンがマトリックスから膜間腔に汲み出され，プロトン勾配が形成され，この勾配が内膜のATP合成酵素を駆動し，ATPが合成される。
2. 酸化的リン酸化と異なり，呼吸基質の酸化と共役しないATP合成で，解糖系やクエン酸回路に見られる。解糖系での基質レベルのリン酸化は短距離疾走な

どでとくに重要である。
3. $O_2$ は電子伝達系（呼吸鎖）の複合体 IV（シトクロム $c$ 酸化酵素）の反応に用いられる。$CO_2$ はクエン酸回路で生じる。
4. 電子伝達系（呼吸鎖）の複合体 IV を阻害し，ATP 合成を低下させる。
5. ミトコンドリア DNA は内膜の 13 種のポリペプチド（呼吸鎖と ATP 合成酵素のサブユニット）をコードしている。その異常は ATP 合成低下を引き起こし，ATP を最も多く必要とする脳と筋肉が強く障害される。

## ▶9. 細胞骨格と細胞運動

1. ミクロフィラメント 6nm，中間径フィラメント 10nm，微小管 24nm
2. ミクロフィラメント
3. ミクロフィラメントと微小管
4. 微小管
5. ミクロフィラメント
6. 微小管

## ▶10. 細胞のシグナル伝達

1. 大きく 2 つに分けることができる。1 つはステロイドホルモンを代表とする疎水性の低分子で，拡散により細胞膜を通過し細胞内の受容体と結合してその機能を発揮するものである。もう 1 つは，細胞膜を通過できない大型の親水性分子で，標的細胞の細胞膜にある膜貫通型の受容体に結合して細胞内にその情報を伝える。後者の例としては，イオンチャネル連結型受容体，G タンパク質連結型受容体，酵素連結型受容体などがある。
2. 3 量体 G タンパク質は，$\alpha$, $\beta$, $\gamma$ の 3 つのヘテロなサブユニットからできており，G タンパク質連結型受容体により活性化されると，活性型の GTP 型 $\alpha$ と $\beta\gamma$ の 2 つのサブユニットに解離し，標的分子（イオンチャネルか膜結合酵素）に直接作用してそのシグナルを伝える。$\alpha$ サブユニットは自身のもつ GTP アーゼ活性により GDP 型に変わると再び 3 量体化し不活性型に戻る。
3. 多くの場合，GTP/GDP 結合変換かリン酸化/脱リン酸化を利用している。

## ▶11. 細胞周期

1. 細胞周期を調節している鍵となる分子は，サイクリンとサイクリン依存性キナーゼ（Cdk）であり，この複合体のキナーゼ活性が細胞周期を規定している。サイクリン−Cdk 複合体のキナーゼ活性制御は，Cdk 自身のリン酸化／脱リン酸化とサイクリンの合成／分解により行われている。
2. 細胞周期のある事象の開始には，それより前に起こった事象を完了している必要があり，細胞にはそれを監視している機構が存在する。その機構をチェックポイントコントロールとよび，$G_1$ 期，$G_2$ 期，分裂中期チェックポイントが知られている。細胞はこれらの機構を利用し，染色体や細胞の複製を行っている。
3. がん抑制遺伝子として，p53 と *RB* 遺伝子が知られている。p53 タンパク質が活性化すると細胞周期を $G_1$ 期で停止させる作用をもち，Rb タンパク質は DNA 複製などに必要な転写因子の活性を抑え細胞周期が S 期に進むのを抑える働きをしている。これらの分子が正常な機能を失うと，細胞は異常増殖を始め，がん化する。

## ▶12. 細胞分裂

1. 体細胞分裂は生殖細胞以外の細胞分裂を言い，2倍体（$2n$）の細胞が倍加し $4n$ となり，それが分裂して全く遺伝的に等価な $2n$ の娘細胞が2つできる。一方，減数分裂は生殖細胞の細胞分裂様式で，倍加した相同染色体が対合したのち2回続けて分裂が起こり，最終的には遺伝的に異なる1倍体の配偶子が4つできる。
2. 極微小管は，2つの紡錘体極から伸びた微小管のことで，両極から伸びた微小管が重なり合った所で微小管モータータンパク質により安定化し，安定な紡錘体形成を行う。動原体微小管は，姉妹染色分体のセントロメア領域の動原体部位と極とを結び，染色体の分配に関与している。
3. ヒトの相同染色体は23対あり，1つの相同染色体は母方由来，父方由来の2通りに由来するので，$2^{23} \fallingdotseq 8.4 \times 10^6$ すなわち約840万通りの組み合わせができることになる。

## ▶13. 細胞間のコミュニケーション

1. 細胞が集まって組織をつくる。そして，さまざまな組織が統合されて器官ができる。
2. 基底膜の上に整然と並んだ（通常は一層の）細胞。頂端-基底の極性をもつ。隣り合う上皮細胞同士が，接着結合（アドヘレンスジャンクション）や，密着結合（タイトジャンクション）などによって強固に結合している。気管，消化器官，腎管などの管構造は上皮細胞によって構成される。
3. 細胞間を接着させるのに重要な分子。上皮細胞では接着結合（アドヘレンスジャンクション）の構成に中心的な役割をもつ。膜貫通型タンパク質であり，隣り合う細胞が発現するカドヘリンの細胞外領域同士が，カルシウムイオン依存的に結合する。細胞内領域は，カテニンなどのアダプタータンパク質を介してアクチンに連結する。

## ▶14. 発生と分化

1. 脊椎動物の発生初期過程において，神経管の背側に出現する特殊な細胞集団。神経冠細胞はやがて神経管を離脱して移動能を獲得し，体の中を遠距離にわたってさまざまな場所へと移動する。移動後，神経冠細胞は，末梢神経系の組織や皮膚内の色素細胞へと分化する。
2. 体の前後軸に沿った分節構造の基本は，体節の分節化にある。分節化は，脊椎骨や肋骨などの繰り返し構造の基礎をつくる。われわれの脊椎骨がもし1本の長骨でできていたとしたら，体はスムーズには動かないだろう。また，神経細胞や神経軸索が，分節した各体節内のある一定の場所を通ることにより，神経系組織の繰り返し構造が決定される。
3. 対象とする細胞のみを標識し，後に標識細胞がどこに存在するかを観察する。標識法としては，ウズラ-ニワトリキメラ法という，細胞標識法として最初に見出された方法に加え，現在では，さまざまな蛍光色素（DiIなど）などで直接細胞をラベルする方法などがある。

## ▶15. がんと細胞死

1. がんができるまでに細胞に複数の変異が蓄積する必要があるから。もし1つの

変異で十分なら，発生率は年齢に関係なく一定のはずである。2つの変異が必要なら，発生率は年齢とともに直線的に増加するはずである（1つ目の変異は年齢に比例し，2つ目の変異はどの年齢でも等しく起こるはずであるから）。3つ以上の変異が必要な場合にはカーブが年齢とともに急になる。

2. がん遺伝子もがん抑制遺伝子もともに細胞周期や細胞増殖のシグナル伝達に関係するが，がん遺伝子はこれらの経路に促進的に働く遺伝子（がん原遺伝子）の過剰活性変異であり，がん抑制遺伝子は経路の制御に働く遺伝子の活性喪失変異による。がん遺伝子は優性で，がん抑制遺伝子は劣性である。

3. ネクローシスでは細胞はエネルギーが枯渇して膨潤・破裂し，内容物が漏出するので，それを処理するために炎症細胞が集まり，炎症が起こる。一方，アポトーシスでは細胞は凝縮，断片化してアポトーシス小体を放出し，内容物は漏出しないので炎症は起きない。アポトーシス小体はマクロファージに喰食される。

4. ミトコンドリアは酸化的リン酸化によってATPを合成し，細胞の生を支えている。一方，ミトコンドリアはアポトーシスに中心的な役割を果たし，細胞の死をも調節している。アポトーシスにおいては，ミトコンドリアの膜間腔に存在するシトクロム$c$（電子伝達系に働くタンパク質）の細胞質ゾルへの流出がアポトーシスの引き金となる。

# 索引

配列は欧文，五十音順。＊印は人名を示す。

● 欧　文

A キナーゼ ……………………156
*APC* 遺伝子 …………………237
apoptosis ………………………238
apoptosome ……………………243
ATP ………………………14, 52
ATP 駆動ポンプ …………96, 98
ATP 合成酵素 ……37, 119, 126, 130
ATP 合成酵素複合体 …………121
ATP-ADP 交換輸送体 …………126
ATPase 活性 ……………………135
Bax ……………………………235
Bcl-2 …………………………244
BiP ………………………………32
BSE（狂牛病）…………………88
C キナーゼ …………………158, 230
$Ca^{2+}$ ………………………………98
$Ca^{2+}$ プール …………………32
$Ca^{2+}$ ポンプ …………………98
cancer …………………………227
carcinoma ……………………228
caspase …………………………242
Cdc2 キナーゼ …………………170
cdc 変異株 ……………………170
Cdk ……………………………170
Cdk 阻害因子 CKI ……………173
*ced-2* …………………………242
*ced-3* …………………………242
*ced-4* …………………………242
*C. elegans* ……………………242
DAG ……………………………158
DNA ………………………19, 53
DNA 傷害 ……………………235
DNA 複製 ………………………58
DNA ポリメラーゼ …………59, 62

DnaJ ……………………………78
DnaK ……………………………78
F アクチン ……………………134
FAD ……………………………124
$FADH^2$ ………………………124
familial adenomatous polyposis coli …………………………237
Fas ……………………………240
Fas リガンド …………………240
$F_0F_1$-ATP アーゼ ……………126
G アクチン ……………………134
$G_0$ 期 …………………………166
$G_1$ 期 …………………………166
$G_1$ チェックポイント ………176
$G_2$ 期 …………………………166
$G_2$ チェックポイント ………176
G タンパク質 …………………153
G タンパク質連結型受容体 …152, 153
GroEL ……………………………78
GroES ……………………………78
GRP78 …………………………32
GrpE ……………………………78
GTP ………………………14, 52
GTP/GDP 結合変換 ……………161
$H_2O_2$ …………………………35
$IP_3$ ……………………………158
*K-Ras* 遺伝子 ………………237
M 期 ……………………………166
M 期促進因子 …………………168
MAP キナーゼ …………………159
MAPK …………………………159
MPF ……………………………167
MPF（卵成熟促進因子）………168
mRNA ……………………………62
mtDNA …………………………128

| | |
|---|---|
| mtDNA の変異 | 128 |
| N アセチルグルコサミン | 81 |
| N 結合型糖鎖 | 81 |
| $NAD^+$ | 120 |
| NADH | 120, 127 |
| NADH–ユビキノンレダクターゼ複合体 | 125 |
| $Na^+$-$K^+$ ポンプ | 98 |
| $Na^+$-$K^+$ ATP アーゼ | 98 |
| necrosis | 238 |
| Neural Crest | 219 |
| O 結合型糖鎖 | 81 |
| oncogene | 231 |
| Pol I | 62 |
| Pol II | 62 |
| Pol III | 62 |
| proto-oncogene | 231 |
| p21 | 235 |
| p53 | 177, 235, 244 |
| *p53* 遺伝子 | 235, 237 |
| p53 タンパク質 | 235 |
| Ran | 108 |
| Ras | 159 |
| *Ras* 遺伝子 | 233 |
| Ras タンパク質 | 233 |
| Rb | 177 |
| *Rb* 遺伝子 | 234 |
| Rb タンパク質 | 235 |
| retinoblastoma | 233 |
| RNA | 19, 54 |
| RNA ウイルス | 22, 54, 233 |
| RNA スプライシング | 65 |
| RNA ポリメラーゼ | 62 |
| RNA ワールド | 21 |
| S 期 | 166 |
| sarcoma | 228 |
| SMC タンパク質 | 192 |
| SNARE | 116 |
| S–S 結合 | 44 |
| TATA ボックス | 64 |
| TCA 回路 | 119 |
| Tim 複合体 | 122 |
| TNF | 240 |
| Tom 複合体 | 121 |
| t-SNARE | 117 |
| tumor suppressor gene | 231 |
| v-SNARE | 117 |
| $\alpha$ サブユニット | 153 |
| $\alpha$ ヘリックス | 45, 74 |
| $\beta\gamma$ サブユニット | 153 |
| $\beta$ 酸化 | 124 |
| $\beta$ シート | 45, 74 |
| $\beta$ ターン | 74 |

●あ 行

| | |
|---|---|
| 悪性腫瘍 | 227 |
| アクチン | 46, 134 |
| アクチン結合タンパク質 | 135 |
| アクチンフィラメント | 205 |
| 足場非依存性増殖 | 228 |
| アシル CoA | 124 |
| アスパラギン | 43 |
| アスパラギン酸 | 43 |
| アセチル CoA の酸化 | 118 |
| アセチル CoA の生成 | 118, 123 |
| アセチルコリン受容体 | 99 |
| アデニル酸キナーゼ | 121 |
| アデニル酸シクラーゼ | 155 |
| アデニン | 53, 54 |
| アデノシン 5′–三リン酸 | 52 |
| アドレナリン | 156 |
| アポトーシス | 87, 121, 237 |
| アポトーシス小体 | 239 |
| アポトソーム | 243 |
| アミノ酸 | 42 |
| アミロイド繊維 | 88 |
| アメーバ様運動 | 136 |
| アラニン | 43 |

アルギニン ……………………43
アルツハイマー病 …………………87
アルブミン …………………………46
アンチコドン ………………………69
アンチポート ………………………97
暗反応 ……………………38, 131
アンフィンゼン（Anfinsen）* ……75
イオンチャネル ……………94, 99, 155
イオンチャネル連結型受容体 ……152
鋳型DNA ……………………………64
イソロイシン ………………………43
I型膜タンパク質 ……………………111
一次構造 ……………………42, 74
一次メッセンジャー ……………156
遺伝暗号 ……………………22, 69
遺伝子量効果 ………………………197
イノシトールトリスリン酸 ……155
イノシトールリン脂質 …………157
イノシトールリン脂質経路 ……158
インスリン ………………46, 82, 83
インテグリン ………………………211
イントロン …………………………65
インポーチン ……………………67, 108
ウィルヒョウ（Virchow）* ………16
ウズラ ………………………………220
宇田川榕菴* ………………………16
ウラシル ……………………………54
エイムス試験 ……………………230
エーテルリン脂質 …………………35
エキソン ……………………………67
エクスポーチン ……………67, 108
壊死 …………………………………238
エタノールアミン …………………51
エネルギー通貨 …………………118
エフェクター ……………………155
エラスチン …………………………46
塩基対 ………………………………53
塩基配列 ……………………………68
エンハンサー ………………………64

応答配列 ……………………………64
岡崎フラグメント …………………62
岡崎令治* …………………………62
オキシダーゼ ………………………35
オレイン酸 …………………………49
温度感受性変異株 ………………169

●か 行
介在配列 ……………………………65
開始因子 ……………………………71
開始コドン …………………………70
解糖 ………………………………119
外胚葉 ……………………………217
外包膜 ……………………………130
外膜 ………………………………121
カエルの変態 ……………………240
化学浸透圧説 ……………………125
核 ……………………………14, 27
核外輸送シグナル（NES）……108
核局在化シグナル（NLS）……106
核酸 ……………………………14, 52
核小体 ………………………………29
核内受容体ファミリー …………150
核への輸送 ………………………104
核膜 …………………………………30
核膜が崩壊 ………………………191
核膜孔 …………………30, 67, 106
核膜孔複合体 ………………………30
核膜輸送 ……………………………67
核輸送 ……………………………106
核ラミナ …………………30, 145, 191
核ラミン …………………………191
過酸化水素 …………………………35
カスパーゼ ………………………242
家族性大腸腫瘍症 ………………237
活性酢酸 …………………………124
活動電位 …………………100, 101
滑面小胞体 …………………………32
カテニン …………………………208

| | | | |
|---|---|---|---|
| 果糖 | 47 | グリコシド結合 | 48 |
| カドヘリン | 205, 207 | グリシン | 43 |
| カドヘリンファミリー | 208 | クリステ | 37, 121 |
| ガラクトース | 47 | グリセロール-3-リン酸シャトル | 127 |
| カルネキシン | 32 | クリック（Crick）* | 20, 53 |
| がん | 227 | グルカゴン | 156 |
| がん遺伝子 | 231, 233 | グルコース | 47, 82 |
| 間期 | 166 | グルコース-6-リン酸 | 120 |
| 管腔の形成 | 138 | グルコースの完全分解 | 127 |
| がん原遺伝子 | 231 | グルコース輸送体 | 95 |
| がん腫 | 227 | グルココルチコイド | 150, 240 |
| 間充織細胞 | 201 | グルココルチコイド受容体 | 150 |
| がん転移 | 210 | グルタミン | 43 |
| がん抑制遺伝子 | 231, 233 | グルタミン酸 | 43 |
| がん抑制タンパク質 | 177 | クローディン | 204 |
| 器官 | 15 | クロストーク | 162, 163 |
| 基質レベルのリン酸化 | 120 | クロマチン | 27 |
| 樹状突起 | 100 | クロマチン繊維 | 58 |
| 基底膜 | 203 | クロロフィル | 38, 130 |
| キネシン | 46, 142 | クロロプラスト | 38 |
| キネトコア | 187 | ゲート | 99 |
| 基本転写因子 | 63, 64 | 血液細胞 | 15 |
| キメラ | 198, 221 | 結合組織 | 15 |
| ギャップ結合 | 99, 206 | 血糖 | 47 |
| 共役輸送 | 96, 97 | 血糖の調節 | 95 |
| 狂牛病 | 88 | ゲノム DNA | 14, 27 |
| 凝集 | 76 | ゲル-ゾル変換 | 137 |
| 凝集体 | 79 | 原核細胞 | 22 |
| 筋収縮 | 135 | 原がん遺伝子 | 159 |
| 筋小胞体 | 32 | 嫌気的解糖 | 120, 127 |
| 金属タンパク質 | 44 | 原形質流動 | 132, 139 |
| 筋肉 | 135 | 原条 | 216 |
| 筋肉細胞 | 15 | 減数分裂 | 183, 193, 194 |
| グアニン | 53, 54 | コアクチベーター | 151 |
| クエン酸回路 | 119, 122, 123 | コイルドコイル構造 | 142 |
| グラナ | 38 | 高エネルギーリン酸 | 119 |
| グリアフィラメント | 145 | 光化学系 I | 130 |
| グリオキシソーム | 36 | 光化学系 II | 130 |
| グリコーゲン | 48 | | |

| | |
|---|---|
| 効果器 | 155 |
| 後期 | 189 |
| 後期A | 189 |
| 後期B | 189 |
| 好気的呼吸 | 24 |
| 好気的酸化 | 127 |
| 光合成 | 24, 38, 129 |
| 酵素 | 46 |
| 構造タンパク質 | 46 |
| 酵素連結型受容体 | 152, 158 |
| コートタンパク質 | 116 |
| 呼吸鎖 | 119, 125 |
| 極長鎖脂肪酸 | 35 |
| 極微小管 | 187 |
| 古細菌 | 23 |
| 個体 | 15 |
| 五炭糖 | 47 |
| 骨格筋 | 135 |
| コドン | 69, 71 |
| コネキシン | 206 |
| コハク酸デヒドロゲナーゼ複合体 | 125 |
| コヒーシン | 189, 193 |
| コラーゲン | 46 |
| コリン | 51 |
| ゴルジ（Golgi）* | 32 |
| ゴルジ装置 | 32 |
| ゴルジ体 | 32, 83 |
| コレステロール | 90 |
| コレラ毒素 | 161 |
| コンデンシン | 192 |

●さ 行

| | |
|---|---|
| サイクリックAMP | 52, 155 |
| サイクリックGMP | 52 |
| サイクリン | 169 |
| サイクリン-サイクリン依存性キナーゼ | 164 |
| 再生 | 80, 85 |
| サイトカイン | 46 |
| サイトケラチン | 132 |
| サイトゾル | 56 |
| 細胞 | 13 |
| 細胞運動 | 136 |
| 細胞外マトリックス | 15 |
| 細胞核 | 27 |
| 細胞間接着分子 | 207 |
| 細胞基質 | 211 |
| 細胞骨格 | 132 |
| 細胞死 | 237 |
| 細胞質分裂 | 138, 143, 183, 190 |
| 細胞社会学 | 15 |
| 細胞周期 | 164 |
| 細胞小器官 | 14 |
| 細胞生物学 | 13 |
| 細胞説 | 16 |
| 細胞接着装置 | 15 |
| 細胞体 | 100 |
| 細胞内受容体 | 149 |
| 細胞内シグナル伝達複合体 | 159 |
| 細胞の起源 | 17 |
| 細胞の種類 | 15 |
| 細胞の不死化 | 228 |
| 細胞表面受容体 | 149 |
| 細胞膜の非対称性 | 91 |
| 細胞融合 | 174 |
| サブユニット | 44, 74 |
| 酸化の脱炭酸 | 124 |
| 酸化的リン酸化 | 36, 37, 126 |
| 三次構造 | 45, 74 |
| 酸性加水分解酵素 | 35 |
| 酸素 | 24 |
| 3量体Gタンパク質 | 153 |
| ジアシルグリセロール | 155 |
| シアノバクテリア | 23 |
| シアンイオン | 126 |
| 色素細胞 | 220 |
| 軸索 | 100 |

| | |
|---|---|
| シグナル仮説 | 103 |
| シグナル伝達 | 149 |
| シグナル認識粒子（SRP） | 110 |
| シグナル配列 | 103 |
| シグナル分子 | 150 |
| シグナルペプチダーゼ | 83 |
| シグナルペプチド | 31, 81 |
| 自己複製能 | 19 |
| 脂質 | 18, 49 |
| 脂質二重層 | 19, 90 |
| 脂質の代謝 | 32 |
| シスゴルジ網 | 34 |
| システイン | 43 |
| ジスルフィド（S-S）結合 | 31, 44, 83, 111 |
| シトクロム $b_5$ | 32 |
| シトクロム $bc_1$ 複合体 | 125 |
| シトクロム $b_6f$ 複合体 | 130 |
| シトクロム $c$ | 121, 125 |
| シトクロム $c$ オキシダーゼ | 125 |
| シトクロム $c$ の流出 | 243 |
| シトクロム P450 | 32 |
| シトシン | 53, 54 |
| シナプトネマ構造 | 195 |
| 脂肪酸 | 49 |
| 脂肪酸の $\beta$ 酸化 | 119 |
| 脂肪酸 $\beta$ 酸化系 | 122 |
| 姉妹染色分体 | 143, 185 |
| 終期 | 190 |
| 終結因子 | 71 |
| 重合 | 134, 143 |
| 終止コドン | 71 |
| 収縮環 | 138 |
| 縮重 | 69 |
| 出芽 | 113 |
| 出芽酵母 | 169 |
| 受動輸送 | 95 |
| 種の多様性 | 195 |
| 腫瘍 | 227 |
| 腫瘍壊死因子 | 240 |
| 受容体タンパク質 | 47, 91 |
| 受容体チロシンキナーゼ | 158 |
| シュライデン（Schleiden）* | 16 |
| シュワン（Schwann）* | 16 |
| 常染色体 | 58, 197 |
| 上皮-間充織転換 | 202, 219 |
| 上皮細胞 | 15, 201 |
| 小胞体 | 14, 30, 81 |
| 小胞体関連分野 | 85, 86 |
| 小胞体シャペロン | 111 |
| 小胞体輸送シグナル | 110 |
| 小胞体内腔 | 30 |
| 小胞輸送 | 106, 113 |
| 触媒 | 19 |
| 植物ウイルス | 54 |
| ショックタンパク質 | 150 |
| ショ糖 | 48 |
| 真核細胞 | 23 |
| 心筋 | 135 |
| 心筋細胞 | 122 |
| 神経管 | 217 |
| 神経冠細胞 | 219, 220 |
| 神経系の発生 | 240 |
| 神経細胞 | 15, 100 |
| 神経変性疾患 | 87 |
| 浸潤 | 228 |
| 親水性 | 18 |
| 親水性アミノ酸 | 74 |
| 真性クロマチン | 27 |
| 真性細菌 | 23 |
| 新生ポリペプチド | 76 |
| 伸長因子 | 71 |
| シンポート | 97 |
| スクロース | 48 |
| ステアリン酸 | 49 |
| ステロイド合成 | 122 |
| ステロイド受容体 | 150 |
| ステロイドホルモン | 150 |

| | |
|---|---|
| ストレス応答 | 80 |
| ストレスタンパク質 | 80 |
| ストレスファイバー | 132 |
| ストロマ | 38, 130 |
| スプライシング | 56 |
| スプライソゾーム | 66 |
| 生化学 | 13 |
| 生気論 | 40 |
| 精子 | 122, 198 |
| 静止膜電位 | 100 |
| 星状体 | 185 |
| 星状体微小管 | 187 |
| 生殖細胞 | 15 |
| 性染色体 | 58, 197 |
| 生体高分子 | 41 |
| 成長ホルモン | 46 |
| 性の決定 | 197 |
| 生物の形づくり | 239 |
| 生命の自然発生説 | 17 |
| 脊索 | 222 |
| 脊椎骨 | 223 |
| 接触阻止 | 165 |
| 接触阻止能の喪失 | 228 |
| 接着 | 113 |
| 接着結合 | 203 |
| セリン | 43, 51 |
| セルロース | 49 |
| 前期 | 185 |
| 染色体 | 29, 58 |
| 先体反応 | 140 |
| 選択的スプライシング | 67 |
| 線虫 | 242 |
| 前中期 | 187 |
| セントラルドグマ | 56 |
| セントロメア | 188 |
| 繊毛 | 144 |
| 相同組換え | 195 |
| 相同染色体 | 193 |
| 相補鎖 | 62 |
| 相補的 | 20 |
| 相補的な RNA | 64 |
| 促進拡散 | 95 |
| 組織 | 15 |
| 疎水性 | 18 |
| 疎水性アミノ酸 | 74 |
| 疎水性相互作用 | 75 |
| ソニックヘッジホッグ | 222 |
| 粗面小胞体 | 31 |

●た 行

| | |
|---|---|
| ターミネーター | 64 |
| 体細胞 | 58 |
| 体細胞分裂 | 183 |
| 体節 | 216 |
| 体節中胚葉 | 223 |
| 大腸がん | 236 |
| ダイニン | 46, 142, 144 |
| ダウン症候群 | 197 |
| タカラーゼ | 35 |
| 多細胞生物 | 200 |
| 多段階発がん | 236 |
| 脱重合 | 143 |
| 脱分極 | 101 |
| 多糖 | 14, 48 |
| ダブルヘリックス構造 | 53 |
| ダブレット微小管 | 144 |
| 単クローン性増殖 | 228 |
| 炭酸固定 | 38 |
| 炭酸固定反応 | 131 |
| 単純拡散 | 94 |
| 単純タンパク質 | 44 |
| 炭水化物 | 47 |
| 単糖 | 47 |
| タンパク質 | 14, 42 |
| タンパク質キナーゼC | 230 |
| タンパク質の折りたたみ | 31 |
| タンパク質の働き | 46 |
| タンパク質の変性 | 79 |

| | |
|---|---|
| タンパク質の立体構造 …………45 | 糖質 ……………………………47 |
| チェックポイント ……………174 | 糖タンパク質………………44, 49 |
| チミン …………………………53 | ドデューブ（deDuve）*…………34 |
| チャネル ………………………93 | トランスゴルジ網 ……………34 |
| 中間径フィラメント ………132, 206 | トランスフェリン ……………46 |
| 中期……………………………188 | トランスポーター ……………93 |
| 中心小体………………………141 | トランスロコン ……………86, 111 |
| 中心体………………133, 141, 185 | トリアシルグリセロール ………50 |
| 中性脂肪………………………50 | トリオースリン酸……………120 |
| 中胚葉…………………………217 | トリガー因子……………………78 |
| チューブリン ……………46, 132 | トリカルボン酸回路………119, 124 |
| チラコイド ……………………38 | トリグリセリド ………………50 |
| チラコイド膜…………………130 | ドリコール ……………………81 |
| チロシン ………………………43 | トリソミー……………………197 |
| ツェルベーガー症候群…………36 | トリプトファン ………………43 |
| 手足の形成……………………240 | トレオニン ……………………43 |
| 低分子RNA ……………………62 | |
| 低分子量Gタンパク質 ………159 | ●な 行 |
| デオキシリボース ……………47 | 内胚葉…………………………217 |
| デオキシリボヌクレオシド……52 | 内包膜…………………………130 |
| デオキシリボヌクレオチド……52 | 内膜……………………………121 |
| デスミン………………………145 | 7回膜貫通型 …………………153 |
| デスモソーム…………………147 | 二価染色体……………………194 |
| デスモソーム結合……………205 | II型膜タンパク質……………111 |
| 転移……………………………228 | 肉腫……………………………227 |
| 転移RNA ………………54, 62, 69 | 二次構造……………………45, 74 |
| 電位依存性チャネル …………99 | 二次メッセンジャー…………156 |
| 電位依存性Na$^+$チャネル ………101 | 二重らせん構造……………20, 53 |
| 電気化学的勾配…………………96 | 二糖……………………………47 |
| 電子伝達系 ……37, 119, 121, 125, 130 | 2倍体 …………………………58 |
| 転写……………………………56 | 乳酸……………………………120 |
| 転写因子…………………………46 | 乳糖……………………………48 |
| 転写共役活性化因子……………151 | ニューロフィラメント………145 |
| 転写制御因子……………………64 | ニューロン……………………100 |
| デンプン ………………………49 | 2量体化 ………………………159 |
| 動原体……………………143, 187 | ニワトリ胚……………………215 |
| 動原体微小管…………………188 | ヌクレオシド …………………52 |
| 糖鎖の付加…………………31, 81 | ヌクレオソーム ………………58 |
| 糖脂質………………………49, 90 | ヌクレオチド …………………52 |

| | |
|---|---|
| ネクローシス | 237 |
| 能動輸送 | 95 |

● は　行

| | |
|---|---|
| 胚（Embryo） | 215 |
| 麦芽糖 | 48 |
| パスツール（Pasteur）* | 17 |
| 発がん | 229 |
| 発がんイニシエーター | 230 |
| 発がんプロモーター | 230 |
| バリン | 43 |
| パルミチン酸 | 49 |
| 半数体 | 58 |
| ハンチントン舞踏病 | 87 |
| 半保存的複製 | 62 |
| ヒエラルキー | 13 |
| 光捕捉系 | 130 |
| 微絨毛 | 97, 137 |
| 微小管 | 132, 140 |
| 微小管形成中心 | 185 |
| 微小管の方向性 | 141 |
| ヒスチジン | 43 |
| ヒストン | 46, 58 |
| ヒトゲノムプロジェクト | 25 |
| 被覆小胞 | 116 |
| ビメンチン | 145 |
| 表在性タンパク質 | 92 |
| ピリミジン | 52 |
| ピルビン酸 | 119 |
| ピルビン酸デヒドロゲナーゼ複合体 | 124 |
| 品質管理 | 73 |
| 品質管理機構 | 73 |
| フェニルアラニン | 43 |
| フォールディング | 57, 73, 111 |
| フォールディング異常病 | 73 |
| 複合体 I | 125 |
| 複合体 II | 125 |
| 複合体 III | 125 |
| 複合体 IV | 125 |
| 複合タンパク質 | 44 |
| 複合糖質 | 49 |
| 副腎皮質細胞 | 122 |
| 複数回膜貫通型 | 111 |
| 複製 | 56 |
| 複製起点 | 58, 62 |
| 父性染色体 | 194 |
| フック（Hooke）* | 16 |
| ブドウ糖 | 47 |
| 不分離 | 195 |
| 不飽和脂肪酸 | 49 |
| プラスマローゲン | 35 |
| プリオン | 88 |
| プリオン病 | 88 |
| プリン | 52 |
| フルクトース | 47 |
| フルクトース-1, 6-ビスリン酸 | 120 |
| フロアープレート | 222 |
| プログラム細胞死 | 238 |
| プロセシング | 81, 82 |
| プロテアーゼ | 83 |
| プロテアソーム | 86, 173 |
| プロトフィラメント | 140, 146 |
| プロトン勾配 | 130 |
| プロトンポンプ | 35 |
| プロモーター | 63 |
| プロリン | 43 |
| 分子シャペロン | 32, 77 |
| 分子スイッチ | 154, 161 |
| 分子生物学 | 13 |
| 分節化 | 223 |
| 分節時計 | 224 |
| 分泌タンパク質 | 81 |
| 分裂期 | 166 |
| 分裂期中期チェックポイント | 176 |
| 分裂溝 | 138, 191 |
| 平滑筋 | 135 |
| ヘテロクロマチン | 27 |

ヘテロプラスミー……………128
ペプチジルトランスフェラーゼ
　活性 ……………………………71
ペプチド結合……………………42, 71
ペプチドホルモン ………………47
ヘミデスモソーム………………147
ヘムタンパク質 …………………44
ヘモグロビン ……………………46
ヘリックス構造 …………………74
ペルオキシソーム ………………35
ペルオキシソーム病 ……………36
変異原性……………………………230
変性 …………………………………75
変性中間体 …………………………80
鞭毛 ………………………………144
鞭毛運動……………………………122
紡錘糸微小管………………………141
紡錘体………………………………184
紡錘体極……………………………141
包膜 ………………………………38, 130
飽和脂肪酸 …………………………49
ポーター（Porter）*………………30
ポーリン ……………………………99
補酵素 Q……………………………125
ホスファチジルエタノールアミン
　………………………………………90
ホスファチジルコリン ……………90
ホスファチジルセリン ……………90
ホスホリパーゼ C………155, 157
母性遺伝……………………………128
母性染色体…………………………194
ポリープ……………………………236
ポリヌクレオチド …………………19
ポリペプチド………………………14, 44
ポリユビキチン ……………………86
ポリン………………………………121
ホルボールエステル………………230
翻訳…………………………………56, 68
翻訳開始因子………………………85

翻訳後修飾 …………………………81
翻訳時輸送…………………………109
翻訳の停止 …………………………85

●ま 行
膜貫通型タンパク質 ………91, 150
膜結合酵素…………………………155
膜酵素 ………………………………91
膜タンパク質………………………81, 91
膜電位………………………………96, 99
膜の流動性 …………………………90
膜間腔………………………………121
膜間スペース………………………121
膜を通る輸送………………………106
末梢神経……………………………220
マップキナーゼ……………………159
マトリックス………………………122
マルトース …………………………48
ミオシン ……………………………46
ミオシン繊維………………………135
ミクロソーム ………………………30
ミクロフィラメント………………132
水 ……………………………………40
ミスフォールド ……………………76
ミセル………………………………19, 50
密着結合……………………………203
ミトコンドリア…………14, 36, 242
ミトコンドリア外膜 ………………36
ミトコンドリア DNA…36, 122, 128
ミトコンドリア内膜 ………………36
ミトコンドリア脳筋症……………128
ミトコンドリアの数と形…………122
ミトコンドリア膜間腔 ……………36
ミトコンドリアマトリックス ……36
ミトコンドリア輸送シグナル……112
ミラー（Miller）*…………………17
明反応………………………………38, 130
メチオニン …………………………43
メッセンジャー RNA ………22, 54

免疫グロブリン ……………………46
網膜芽細胞腫…………………233
モータータンパク質…………142

● や 行

ユークロマチン ……………………27
融合 ……………………………113
有糸分裂 ……………………183, 185
輸送小胞 ……………………113, 143
輸送体 …………………………93, 94
輸送タンパク質 ………………46, 91
ユビキチン ………………………86
ユビキチン化 …………………173
ユビキノン ……………………125
羊膜類 …………………………215
葉緑体 …………………24, 38, 129
葉緑体 DNA ……………………38
四次構造 ……………………45, 74

● ら 行

ラクトース ………………………48
ラフリング膜 …………………136
ラミン …………………………145, 191
ラリアット構造 …………………66
卵子 ……………………………198
卵巣細胞 ………………………122
リガンド依存性チャネル ………99
リシン …………………………43
リソソーム ……………………34
リソソーム蓄積症 ……………35
リソソーム病 …………………35

リノール酸 ………………………49
リノレン酸 ………………………49
リボース ………………………47
リボザイム ……………………21
リボソーム ……………………21, 51, 57
リボソーム RNA ………22, 29, 54, 62
リボソーム RNA 遺伝子 …………29
リポタンパク質 ………………44, 46
リボヌクレアーゼ A ……………45
リボヌクレオシド ………………52
リボヌクレオチド ………………52
硫化水素 ………………………126
流動モザイクモデル ……………91
両親媒性 …………………18, 50
良性腫瘍 ………………………227
リンゴ酸-アスパラギン酸シャトル
　………………………………127
リン酸化カスケード ……………159
リン酸カスケード ………………157
リン酸化 / 脱リン酸化 …………161
リン脂質 …………………18, 51, 90
ルーメン ………………………30
レシチン ………………………90
レトロウイルス ……………22, 233
ロイシン ………………………43
六炭糖 …………………………47
ロテノン ………………………126

● わ 行

ワトソン（Watson）* …………20, 53

# 分担執筆者紹介

**● 高橋　淑子 ●**
（たかはし・よしこ）

| | |
|---|---|
| 1960年 | 広島県に生まれる |
| 1988年 | 京都大学理学研究科博士課程修了（理学博士） |
| 1988〜94年 | フランス，アメリカにて海外研究員として研究に従事 |
| 2001年〜 | 理化学研究所・発生再生科学総合研究センター・チームリーダー<br>奈良先端科学技術大学院大学バイオサイエンス研究科 教授を経て |
| 現在 | 京都大学大学院理学研究科 教授 |
| 主な著書 | 高橋淑子：現代医学・生物学の先駆者たち　岡田節人（1927-2017）「研究者には余裕がないとアカンのヶ」生体の科学 70（5）：370-371（2019）<br>阿形清和, 高橋淑子（監訳）：「ギルバート発生生物学」メディカル・サイエンス・インターナショナル（2015）<br>*Takahashi, Y., Sipp, D. and *Enomoto, H.: (Review) Tissue interactions in neural crest cell development and disease. Science, 341 (6148): 860-863 (2013)<br>Saito, D., Takase, Y., Murai, H. and *Takahashi, Y.: The dorsal aorta initiates a molecular cascade that instructs sympatho-adrenal specification. Science, 336 (6088): 1578-1581 (2012) |

# 編著者紹介

●森　正敬●
（もり・まさたか）

| | |
|---|---|
| 1940年 | 京都府に生まれる |
| 1965年 | 京都大学医学部卒業 |
| 1970年 | 京都大学大学院医学研究科修了（医学博士） |
| 1985年 | 熊本大学 教授 |
| 現在 | 熊本大学 名誉教授 |
| 専攻 | 分子遺伝学，分子細胞生物学，生化学 |
| 主な著書 | 生体の窒素の旅（共立出版） |
| | 医科遺伝学（共著）（南江堂） |
| | 標準分子医化学（共著）（医学書院） |
| | 分子・細胞の生物学Ⅱ（共著）（岩波書店） |
| | 分子シャペロンによる細胞機能制御（共編）（シュプリンガー・フェアラーク東京） |
| | 細胞における蛋白質の一生（共編）（共立出版） |
| | 細胞生物学（共著）（東京化学同人） |

| | | |
|---|---|---|
| ●（ながた・かずひろ）永田 和宏● | 1947年 | 滋賀県に生まれる |
| | 1971年 | 京都大学理学部物理学科卒業 |
| | 1986年 | 京都大学胸部疾患研究所 教授 |
| | 1998年 | 京都大学再生医科学研究所 教授 |
| | 2010年 | 京都産業大学総合生命科学部 教授・学部長，京都大学名誉教授 |
| | 現在 | JT生命誌研究館 館長，京都産業大学名誉教授 |
| | 専攻 | 細胞生物学 |
| | 主な著書 | 細胞生物学（編著）（東京化学同人） |
| | | 医学のための細胞生物学（編著）（南山堂） |
| | | タンパク質の一生（岩波新書，岩波書店） |
| | | 生命の内と外（新潮選書，新潮社） |
| | | 細胞の不思議（講談社）　など多数 |

| | | |
|---|---|---|
| ●（こうの・けんじ）河野 憲二● | 1951年 | 東京都に生まれる |
| | 1980年 | 東京大学大学院農学系研究科修了（農学博士） |
| | 1980年 | 国立基礎生物学研究所 助手 |
| | 1989年 | 大阪大学細胞工学センター 助教授 |
| | 1993-2017 | 奈良先端科学技術大学院大学 教授 |
| | 2017-2020 | 奈良先端科学技術大学院大学 特任教授 |
| | 現在 | 兵庫県立大学大学院 特任教授 |
| | | 奈良先端科学技術大学院大学 名誉教授 |
| | 専攻 | 分子細胞生物学，分子遺伝学 |
| | 主な著書 | 細胞工学（Maruzen Advanced Technology 生物工学編）（共著）（丸善） |
| | | Methods in Enzymology, Vol. 302（共著）（Academic Press） |
| | | non-RI実験の最新プロトコール　実験医学別冊（共著）（羊土社） |
| | | RNAの細胞生物学　蛋白質核酸酵素増刊（共著）（共立出版） |
| | | マウスラボマニュアル 第2版（共著）（シュプリンガー・フェアラーク東京） |

放送大学教材　1564404-1-0711（テレビ）

# 改訂版　細胞生物学

発行　──── 2007年4月1日　第1刷
　　　　　　2021年2月20日　第7刷

編著者 ──── 森　　正敬
　　　　　　永田和宏
　　　　　　河野憲二

一般財団法人
発行所 ──── 放送大学教育振興会
〒105-0001　東京都港区虎ノ門1-14-1
　　　　　　郵政福祉琴平ビル
電話・東京　（03）3502-2750

市販用は放送大学教材と同じ内容です。定価はカバーに表示してあります。
落丁本・乱丁本はお取り替えいたします。Printed in Japan

ISBN978-4-595-30756-0　C1345